U0157439

食品科学和生理学中的 Koku 味

—— 适口性重要概念的研究进展

Koku in Food Science and Physiology
Recent Research on a Key Concept in Palatability

〔日〕西村敏英　黑田素央　主编

冯　涛　黄仁皇　孙洪峰　宋诗清　孙　敏　等　译

科学出版社

北　京

图字：01-2021-1134 号

内 容 简 介

本书概括了 Koku 的研究进展及未来的研究趋势，具体介绍了 Koku 的定义、感官特征、具有 Koku 特性的食物及具体化合物，并且从生理角度介绍 Kokumi 物质增强 Koku 味的作用机制。Koku 在提高食品适口性，开发"低盐、低糖、低脂"调味品的研究中有广阔的前景。

本书可供从事食品风味研究、调味品开发及相关领域工作的人员参考使用。

First published in English under the title
Koku in Food Science and Physiology: Recent Research on a Key Concept in Palatability
edited by Toshihide Nishimura and Motonaka Kuroda
Copyright © SPRINGER NATURE Singapore Pte Ltd., 2019
This edition has been translated and published under licence from Springer Nature Singapore Pte Ltd.

图书在版编目(CIP)数据

食品科学和生理学中的Koku味：适口性重要概念的研究进展 /（日）西村敏英，（日）黑田素央主编；冯涛等译. —北京：科学出版社，2021.4
书名原文：Koku in Food Science and Physiology: Recent Research on a Key Concept in Palatability
ISBN 978-7-03-068370-0

Ⅰ. ①食… Ⅱ. ①西… ②黑… ③冯… Ⅲ. ①调味品-研究 Ⅳ. ①TS264

中国版本图书馆CIP数据核字（2021）第045366号

责任编辑：张 析 / 责任校对：杜子昂
责任印制：肖 兴 / 封面设计：东方人华

科学出版社 出版
北京东黄城根北街 16 号
邮政编码：100717
http://www.sciencep.com
北京汇瑞嘉合文化发展有限公司 印刷
科学出版社发行 各地新华书店经销
*
2021 年 4 月第 一 版 开本：720×1000 1/16
2021 年 4 月第一次印刷 印张：11
字数：220 000
定价：128.00 元
（如有印装质量问题，我社负责调换）

各章译、校人员

章节标题	页数	翻译者	校对者
Preface	2	宋诗清	冯涛
1 Definition of "Koku" Involved in Food Palatability	16	黄仁皇 梁奕	孙敏
2 Umami and Koku: Essential Roles in Enhancing Palatability of Food	16	孙洪峰 汤泽波	姚凌云
3 The Quest for Umami	14	王化田 陈星宇	姚凌云
4 Umami Compounds and Fats Involved in Koku Attribute of Pork Sausages	12	宋诗清	冯涛
5 The Components Contributing to the Thickness of Beer Aroma	14	黄仁皇 孙嘉卿	姚凌云
6 Koku Attribute-Enhancing Odor Compounds	12	姚凌云	冯涛
7 Effect of a Kokumi Peptide, γ-Glutamyl-Valyl-Glycine, on the Sensory Characteristics of Foods	50	孙洪峰 汪卓琳 庄金达 田霄艳	宋诗清
8 Mechanism of Kokumi Substance Perception: Role of Calcium-Sensing Receptor (CaSR) in Perceiving Kokumi Substances	36	孙敏	冯涛
9 Mouse Trigeminal Neurons Respond to Kokumi Substances	18	冯涛	宋诗清
10 Overview and Future Prospect of Studies on Koku	5	姚凌云	冯涛
全书所有图表翻译整理			孙敏

译 者 序

过多的糖、盐和油脂的摄入与众多慢性疾病的发展密切相关，政府和营养学界都致力于推广"减盐、减糖、减脂"行动，宣传健康的生活方式。以"减盐"为例，在多方努力下，我国居民食盐摄入量从 20 世纪 80 年代的人均每天 12 克下降到了目前人均 10 克的水平，民众减盐意识有所加强，而这一数字还远高于中国营养学会推荐的健康成人一天食盐的摄入量 6 克，以及世界卫生组织提出的每人每日小于 5 克，减盐行动任重道远。究其原因是居民的饮食习惯已经形成，"减盐"食品寡淡的口感，大大减弱了饮食的愉悦性。因此开发"减盐不减咸"的食品及调味品势在必行。Kokumi 就是一种能够增强咸味、鲜味感知，同时带来一种浓厚的、连续的和复杂的综合口感的物质，它能够增强食品适口性，实现"减盐不减咸，减糖不减甜"。关于 Kokumi 的研究国内还处于起步阶段，而日本则是 Kokumi 研究的先驱，最早提出了 Koku 和 Kokumi 的概念。日本人在食用咖喱、炖菜、拉面等食物时通常会用 Koku 来描述，以表达一种复杂、饱满、持久的口感。随着日本学者对"Koku"感知机理的深入研究，他们将能够带来"Koku"口感，并且能激活钙敏感受体的物质称为"Kokumi"，目前发现的 Kokumi 物质主要来源于乳制品、水产、肉类以及一些发酵食品的小分子肽类，日本已将 Kokumi 肽应用于食品工业中以增强风味感知。

Koku in Food Science and Physiology: Recent Research on a Key Concept in Palatability 这本书是日本学者对目前的 Koku 研究进展的总结，是第一本关于 Koku 的专著，内容包括 10 章，第 1 章介绍了 Koku 的定义，帮助读者理解什么是 Koku 特征属性；第 2、3 章从滋味和香气增强角度阐述了谷氨酸的功能，鲜味物质增强连续性和满口感，因而也对 Koku 特征有贡献；第 4、5 章介绍了猪肉肠和啤酒中具有 Koku 特性的化合物，鲜味物质和脂肪增强猪肉肠的满口感和持久性，啤酒香气成分对啤酒复杂感、浓厚感的 Koku 特性有贡献；第 6 章提供了增强食品中 Koku 味的气味化合物；第 7~9 章则分别从生理学的角度，介绍了 Kokumi 物质及其对食品感官特性的作用及增强 Koku 特性的机制。一些 γ-谷氨酰肽可以增强食品的油脂感、浓香和回味，实验证明它们能激活钙敏感受体，对小鼠三叉神经细胞有刺激作用，因此被称作 Kokumi 肽。第 10 章概述了 Koku 的研究情况及未来的研究趋势。

Koku in Food Science and Physiology: Recent Research on a Key Concept in Palatability 这本书为 Koku 研究提供了很多有价值的信息，将它翻译成中文版出

版可推动我国 Koku 相关的研究，以及 Kokumi 肽在"低盐、低糖、低脂"食品开发中的应用，尤其是调味品和休闲食品，能满足人们对健康和美味的需求。希望本书的出版让更多相关行业的工作者能借鉴日本学者的研究方法，推动我国 Koku 相关的研究，利用我国特色的资源，开发一些具有自主知识产权的 Kokumi 物质、低盐低糖产品等。

最后，本书得以出版，特别感谢上海康识食品科技有限公司的资助。

冯　涛　孙　敏

2021 年 1 月 6 日

原 书 前 言

在日本，很多食物的标签上可以看到"Koku 味"一词。为什么"Koku 味"用于很多食物？原因之一是日本消费者可以从"Koku 味"标签了解食品的风味。日本人在吃一些食物时用 Koku 来表达。那日本什么样的食物能让我们有 Koku 的感觉呢？当他们吃咖喱、炖菜、拉面、奶酪时，通常会使用 Koku 的表达。相反，当他们吃西瓜、日本梨、柠檬汁和日本杏时从不使用 Koku 的表达。二组食物之间有什么不同呢？当我们咀嚼具有 Koku 味食物时会有复杂、满口感和绵延感，而其他不具有 Koku 味的食物则没有这些感觉。当他们吃外国食物(如法国食物及中国食物)时，也能识别这些味道。然而，在这些食物中，Koku 的味道是什么仍然不清楚。

几年前，我们组织了"Koku 味研究协会"，并开始讨论"Koku 味"的定义。首先，我们提出"Koku 味"的感觉是由味道、香气和质地的大量刺激引起的。此外，我们在"Koku 味"中提出了复杂性、满口感和绵延感等客观因素，作为构成味觉的五种基本味道。

对于具有"Koku 味"的食物来说，复杂性是必不可少的，因为这些食物给我们带来了许多味觉、香气和质地的刺激，并赋予了"Koku 味"食物的特征属性。这些刺激是在食品生产过程中的宰后成熟、加热和发酵中产生的。满口感和绵延感是由鲜味化合物和脂类带来的。在鲜味化合物和/或脂类存在下，许多刺激扩散到口腔并在我们的口腔中逗留。有研究已经证明，诸如 Kokumi 物质、香气化合物和美拉德肽类的化合物可增强食品的 Koku 味中的满口感。我们认为 Koku 味中三个要素的适当强度因食物的不同而不同。例如，有弱、中、强等表达。根据鲜味化合物、脂类和 Kokumi 化合物等的量，Koku 的强度将由弱变强。并且 Koku 味是可以被客观测量的。

然而，关于 Koku 味的研究才刚刚开始。考虑到这一点，在本书中，我们要求正在研究 Koku 味的作者们撰写一些章节手稿。第 1 章介绍了"Koku 味"的定义。Koku 是由大量的味道、香气和质地刺激引起的独特感觉，由三个要素组成，即复杂性、满口感和绵延感。此外，还介绍了 Koku 增强剂的相关化合物。它将帮助读者理解什么是"Koku 味"。第 2 章和第 3 章就味觉和增味作用介绍了谷氨酸的准确功能。鲜味化合物能增强整体味觉体验的连续性和满口感，在 Koku 味中也很重要。第 4 章和第 5 章提供了猪肉香肠和啤酒中形成和增强 Koku 味的有关化合物。鲜味化合物和脂肪增强了猪肉香肠中 Koku 味的满口感和绵延感。香气化合物是啤酒香气中 Koku 味的复杂性或厚味的重要组成部分。第 6 章提供了增强食品中 Koku 味的气味化合物。如芹菜中的苯酞化合物，干鱼中的(4Z，7Z)-十三烷-4,7-二烯醛，以及几种水果中的香附烯酮。第 7~9 章从生理学方面介绍了 Kokumi 物质及其在食品感官特性上的功能以及增强 Koku 味的机理。γ-谷氨酰-缬氨酰-甘氨酸和谷胱甘肽是 Kokumi 肽，可增强食品的油腻感、浓厚味和绵延感。这些肽被证实是钙敏感受体(CaSR)的激动剂，可刺激小鼠三叉神经元。第 10 章是对 Koku 研究的概述。

我希望本书中提供的信息能够对"Koku 味"的定义、某些食品 Koku 味所涉及的化合物以及研究本领域的新手带来一个有关"Koku 味"生理感官的展望，并给予经验丰富的读者有用的信息，对于所有对"Koku 味"的食品科学和生理学感兴趣的人来说，这可能是一本简明的入门书。

西村敏英　黑田素央

目　　录

第1章 "Koku"在描述食品适口性时的定义

Toshihide Nishimura

摘要 众所周知，影响食品适口性的因素很多，如味道、香气、嫩度、多汁性、黏度等。在日本，"Koku"一词(指 Koku 味)被用来描述和评估食品是否适口，这些食品例如咖喱、炖菜、拉面、天然奶酪等。因此，它被认为是提高食品适口性的重要因素之一。然而，Koku 还没有被定义，关于增强 Koku(Koku 味)的化合物的研究也很少。

本章介绍了 Koku 和 Koku 味的定义。Koku 是一种独特的感觉，由味道、香气和质地等多种刺激引起，这些在 Koku 味中表达为复杂性，这是 Koku 味的精髓。此外，当这种感觉在我们整个口腔中扩散，且不改变其特有的味道，在吞咽之后仍然持续，我们也可以感觉到强烈的 Koku 味，即满口感和绵延感。因此，Koku由三个要素构成：复杂性、满口感和绵延感(持久性)。食物 Koku 味中的复杂性是因陈化、发酵和加热，导致产生了各种化合物。最近有人解释说，洋葱中的鲜味化合物和/或植物甾醇会导致其口感的满口感和绵延感(持久性)。

最近的感官评价分析表明，添加鲜味化合物能增强鼻后香气感知，从而提高食物的风味(满口感)。鲜味化合物也被证明是引起味觉持久性的因素之一。此外，洋葱中的植物甾醇已被证实有助于产生一种 Koku 味——香味持续的感觉。顶空气相色谱分析表明 β-谷甾醇可与甲基丙基二硫醚和己醛结合。在清汤中添加0.02%β-谷甾醇，能提高清汤的满口感和香气的持久性。在这些发现的基础上，人们认为鲜味化合物和植物甾醇是适口性高的食物中增强 Koku 味的潜在物质。

关键词 Koku、复杂性、满口感、绵延感、鲜味化合物、脂类

1.1 食物中的 Koku 味

在日本，很长一段时间"Koku"(指 Koku 味)一词被用来形容适口性高的食物(如咖喱、炖菜、拉面、天然奶酪等)。最近，"Koku"一词开始出现在许多食品的包装上，如蛋黄酱、咖啡、可可、酸奶、布丁、泡菜、啤酒和酱油。由于日本人习惯在吃到适口食物时说其具有 Koku 味，所以在食品包装上使用"Koku"一词，会使很多日本人联想到其便是适口的食物(图1.1)。然而，我们认识到"Koku"并不一定是"适口性"和"美味性"的同义词。尽管梨、西瓜、柠檬水和梅干(腌

制的梅子)被许多日本人认为是适口的食物,但他们从不说这些食物具有 Koku 味
(图 1.2)。因为这些食物没有经过加热、调理(即陈化)或发酵,所以只有简单的感
觉,而并没有复杂性、满口感和绵延感。相反,咖喱、炖菜、拉面、天然奶酪等
经过加热、调理或发酵,会让我们觉得它们具有复杂性、满口感和绵延感。当人
们发现这些食物的复杂性、满口感和绵延感适宜时,他们认为这些适口食物具有
Koku 味。

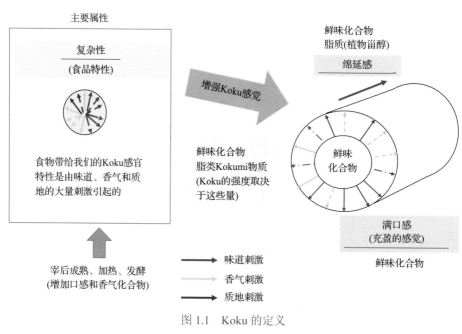

图 1.1　Koku 的定义

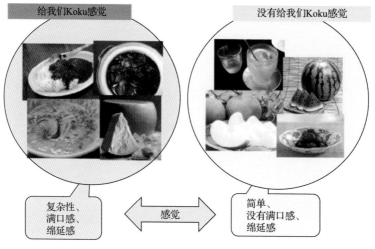

图 1.2　什么样的食品传达 Koku 感

然而，当人们发现某一食物不适用这些特性时，他们会认为这食物不好吃，因为它们含有太多或太少的复杂性、满口感和/或绵延感。因此，"Koku"一词并不是"适口性"和"美味性"的同义词。也有人认为适口性和美味性是由主观评价决定的，而 Koku 味是由客观评价决定的。这是第一次提出这个概念，因为 Koku 味还没有被定义，而且关于增强 Koku(Koku 味)的化合物的研究也很少。

1.2 Koku 和 Koku 味的定义

1.2.1 影响食物适口性的因素

许多因素——例如味道、香气、质地(嫩度、黏度、光滑度、多汁性等)、颜色、温度和形状等都与食品适口性有关(图 1.3)。在这些因素中，一般来说，味道是由食物中的滋味化合物引起的，这些化合物是水溶性的。香气是由香气化合物引起的，香气化合物是从食物中释放的挥发性化合物。香气分为鼻前气味和鼻后气味，后者在食物进入口腔后才被感觉到。这种鼻后气味被认为是影响食物适口性的最重要因素。最近发现味觉和鼻后气味之间会有相互作用。以前，由于人们认为 Koku(Koku 味)的含义与适口性相同，因此没有将 Koku 味归类为影响食品适口性的客观因素。然而，现在有人认为 Koku 是影响食物适口性的客观因素。例如咖喱、炖菜、拉面和天然奶酪等食物的 Koku 味，即复杂性、满口感和绵延感，是由味道、香气和质地等综合因素引起的。

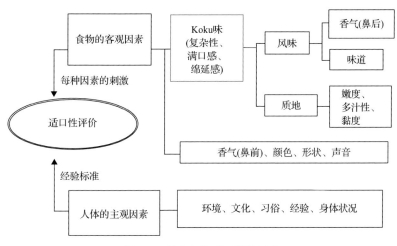

图 1.3 影响食物适口性的因素

1.2.2 Koku 味的定义

在上述背景下，例如咖喱、炖菜、拉面和天然奶酪等食物在经过长时间加热、调理或发酵后，会具有复杂性、满口感和绵延感的 Koku 味(图 1.1)。现已证实，Koku 味主要通过味道、香气和质地的刺激来传递。许多消费者认为，适口性只是由食物放入口腔后的味道引起的。然而，当我们捏着鼻子吃东西时，我们无法辨别它是什么食物，也不能评价它是否适口。这意味着鼻后气味在我们评价食物的适口性方面起着重要作用。我们也有过类似食物不适口的经历，例如我们感冒吃东西时，鼻子会变得不灵敏，我们也就感觉不到 Koku 味和食物特有的香味。因此，来自于滋味化合物、香气化合物，以及与质地有关的化合物的刺激物数量和强度，体现了 Koku 味中复杂性的程度。

Koku 味的复杂性、满口感和绵延感有一个客观的强度，这个强度取决于滋味化合物、香气化合物，以及与质地有关的化合物的刺激物的数量。引起 Koku 味的化合物和 Koku 味的强度会因食物而异，因此对这些化合物以及每种食物中 Koku 味强度的研究非常必要。

1.3　Koku 味中涉及的元素和化合物

当我们吃具有 Koku 味的食物时，我们会感觉到它们的复杂性、满口感和绵延感。因此，我认为这三种感觉是 Koku 味的基本元素，正如味觉的五个基本元素是甜味、咸味、酸味、苦味和鲜味(图 1.4)。

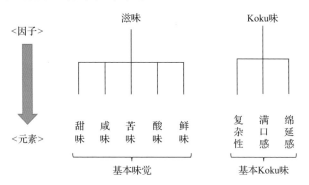

图 1.4　滋味和 Koku 味的元素

1.3.1　复杂性

具有 Koku 味食物的复杂性是由滋味化合物、香气化合物和质地引起的多种刺激协调形成的(图 1.5)。当食物中大量刺激不协调时，我们就感觉不到复杂性。因此，协调已经包含在复杂性之中，并不是 Koku 味的基本属性。

加热、陈化或发酵时间
短
长
轻度复杂性
中度复杂性
重度复杂性
· 少量刺激
· 不丰富
味道刺激
香气刺激
质地刺激
· 大量刺激
· 丰富

图 1.5 Koku 味复杂性的形成

食物中引起 Koku 味的刺激是通过加热、发酵和长时间调理产生的。炖菜和咖喱是经过长时间加热烹调的。在加热过程中，能从食品中提取各种滋味化合物，氨基酸和糖之间的美拉德反应会产生各种香气化合物(图 1.6)。味噌和酱油是由曲霉和乳酸菌等微生物发酵而成。这些微生物通过蛋白质降解产生游离氨基酸和肽，通过酶反应和美拉德反应产生香气化合物(图 1.7)。天然奶酪的制作也需要长时间。在天然奶酪的制作过程中，微生物中的蛋白酶降解蛋白质，产生游离氨基酸和肽等滋味物质。微生物也能从脂类中产生多种香气化合物，天然奶酪中的微生物不同，则其香气化合物的类型也不同。

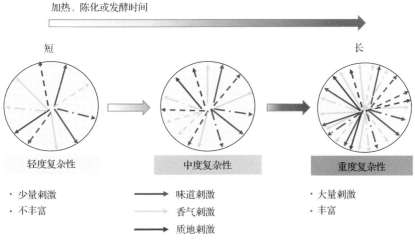

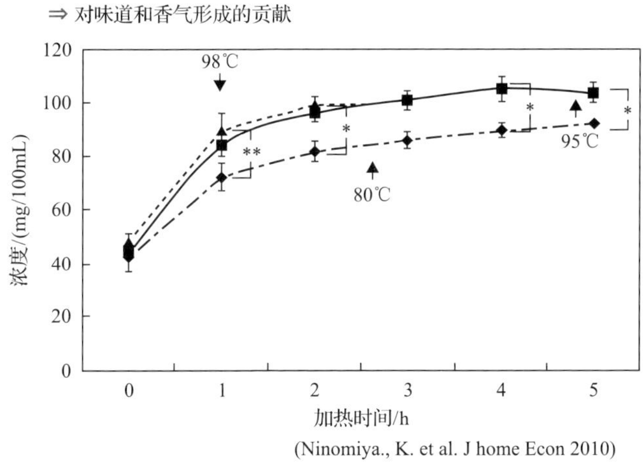

⇒ 对味道和香气形成的贡献
120
100
80
60
40
20
0
98℃
80℃
95℃
**
*
*
*
浓度/(mg/100mL)
0
1
2
3
4
5
加热时间/h
(Ninomiya., K. et al. J home Econ 2010)

图 1.6 原料加热过程中游离氨基酸的变化

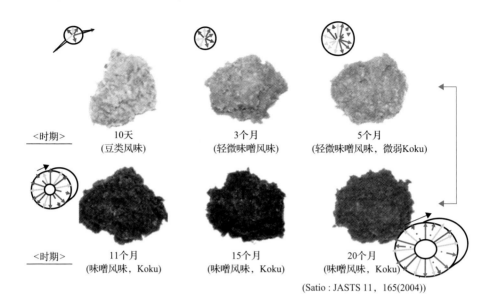

<时期> 10天
(豆类风味)

3个月
(轻微味噌风味)

5个月
(轻微味噌风味，微弱Koku)

<时期> 11个月
(味噌风味，Koku)

15个月
(味噌风味，Koku)

20个月
(味噌风味，Koku)

(Satio：JASTS 11， 165(2004))

图 1.7　味噌酱发酵过程中 Koku 味强度增加

　　复杂的味道和香气成分决定了这些食物的特性。这些食物的复杂性程度可以通过改变加热、调理或发酵的持续时间来改变，从而形成了这些食物不同的风味特征。我们利用先前论文中报道的鸡肉味道成分的化合物制备了一种合成鸡肉提取物。当去掉其中一种游离氨基酸时，我们发现鸡肉鼻后香气的强度降低了。

1.3.2　满口感

　　咖喱和炖菜等食物的 Koku 味中的满口感，是通过风味物质在不改变其风味特征的情况下，在口腔空间的传播来感知的。这种味觉的传播被认为是由鲜味物质引起的。浓度为 50g/L 的味噌汤在不添加其他调味料时，虽然具有味噌汤特有的风味和复杂性，但在我们口腔中的感觉非常微弱。在味噌汤中添加鲜味物质可以增强风味在口腔中的传播强度，并且不会改变其特有的风味。Yamaguchi 和 Kimizuka(1979)的报道认为，鲜味物质添加到食品中，具有增强风味的作用。最近，Nishimura 等(2016a)研究了在食品中添加鲜味物质的增味机理。他们使用一个鸡提取物模型进行分析，味精(MSG)的添加使得提取物鼻后香气的感觉增加了2.5 倍(图 1.8)。当味精的添加浓度小于 0.3%时，这种作用随味精浓度增加而增强。然而，味精的添加浓度超过 0.3%时，提取物的鼻后香气减弱，而鲜味的强度增强了。因此，鲜味物质通过增强风味，特别是鼻后香气，强烈影响 Koku 味中满口感的传递。

· 在一定浓度IMP溶液中添加不同浓度MSG配制鲜味溶液

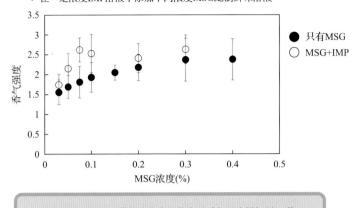

添加谷氨酸和IMP等鲜味化合物使鼻后香气强度增加了2.5倍

图1.8 用风味溶液研究鲜味化合物对香气强度感知的影响

有一些学者研究了与 Koku 味中满口感有关的化合物。Ueda 等(1990)发现在汤中添加大蒜的水提取物可以增强汤的连续性、满口感和浓厚度。将该提取物添加到由 0.05%MSG 和肌苷酸二钠组成的鲜味溶液中时，也发现其具有这种增强作用。大蒜水提取物中的关键化合物为蒜氨酸、S-甲基-L-半胱氨酸亚砜和 γ-L-谷氨酰-S-烯丙基-L-半胱氨酸。此外，添加 0.05%(w/V)没有香气和味道的蒜氨酸，对汤也有这种增强作用。Ueda 等(1994)还发现了反式-S-丙烯基-L-半胱氨酸亚砜(PeCSO)或其 γ-谷氨酰肽(γ-Glu-PeCSO)在添加浓度为 0.02%(w/V)时，增强了鲜味溶液中的连续性、满口感和浓厚度，尽管这些化合物在这个浓度下并不能给鲜味溶液带来任何香味或味道的增加。

Dunkel 等(2007)报道，在模型鸡汤中添加从豆中分离的几乎无味的水提取物，增强了满口感和复杂性的感觉，并在舌头上连续产生了持久的美味。他们发现 γ-L-谷氨酰-L-亮氨酸、γ-L-谷氨酰-L-缬氨酸和 γ-L-谷氨酰-L-胱氨酰-β-丙氨酸是关键分子，他们称之为 Kokumi 肽。他们还表明，在高德干酪中发现的 γ-L-谷氨酰肽，如 γ-谷氨酰-谷氨酸和 γ-谷氨酰-甘氨酸，是提高成熟奶酪满口感和持久性的关键化合物。Kuroda 等(2013)在酱油、生扇贝和加工扇贝制品中发现了 Kokumi 肽 γ-L-谷氨酰-L-戊基甘氨酸(γ-EVG)。这些 Kokumi 肽可被钙敏感受体(CaSR)感知(Ohtsu 等，2010)。然而，目前还没有 Kokumi 肽与 CaSRs 结合引起满口感和绵延感的感知机制研究。

Ogasawara 等(2006a，b)发现豆酱中分子量为 1000～5000Da 的美拉德肽，添加到鲜味溶液和清汤中时，会增强鲜味溶液和清炖肉汤的绵延感和满口感。美拉德肽是增加味噌特征风味的关键物质，它们是在味噌陈酿发酵过程中积累的。

Kurobayashi 等（2008）发现，在鸡汤中添加低于自身阈值浓度的三种苯酞——洋川芎内酯、3-正丁基苯酞和瑟丹酸内酯时，鸡汤的鲜味强度和复杂性增强。虽然一些物质已经被发现具有提高满口感的效果，但这些化合物的增强机制尚未阐明。

1.3.3 绵延感（持久性）

咖喱和炖菜等食物 Koku 味中的绵延感在整个口腔和鼻子中都能感觉到，是一种鼻后香气。

鲜味物质在口腔中延展以及鲜味物质与 Kokumi 肽或美拉德肽的混合引起食物风味绵延感的机理仍不清楚。当一种鲜味化合物被放入嘴里时，舌头的触觉刺激会持续很长一段时间。尽管含硫化合物或 Kokumi 肽也显示出绵延感的效果，但几乎没有证据表明，只有这些物质能表现出与鲜味化合物相同的效果。

另一个例子是香气化合物与脂类的结合引起 Koku 味中的绵延感。猪骨汤拉面和日本黑牛的大理石牛肉是滋味丰富的菜肴，因为这些食物富含油脂或脂肪。虽然一般来说，纯油脂或脂肪没有味道和香气，但当我们把煮熟的油脂或脂肪放进嘴里时，我们可以感觉到一种复杂的味道和香气。Nishimura 等（2016b）阐明，这种现象是由附着在油脂和脂肪上的味道和香气化合物引起的（图 1.9）。他们发现，热处理洋葱浓缩物(HOC)的沉淀物与香气化合物相互作用，从而增强了香气的持久性，包括香气的绵延感，这是清炖肉汤的 Koku 味。沉淀物中的关键化合物是植物甾醇，即 β-谷甾醇和豆甾醇。据作者所知，这是第一个表明植物甾醇可以与食物中的香气化合物相互作用的研究。食物中的油脂或脂肪会导致食物 Koku 味的复杂性和绵延感。众所周知，脂类的存在会影响香气化合物在食品中的持久性，因为食物中的香气化合物会通过疏水作用与油脂或脂肪部分地结合。

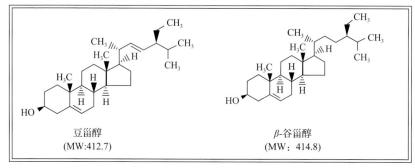

1. 用裂解气相色谱/质谱法(GC/MS)鉴定了洋葱浓缩汁沉淀物中的植物甾醇和β-谷甾醇
2. 它们与香气化合物结合使我们感受到香气的绵延感

豆甾醇
(MW:412.7)

β-谷甾醇
(MW: 414.8)

(Nishimura T. et al, "Phytosterols in onion contribute to a
Sensation of lingering of aroma, a Koku attribute",
Food chemistry, 192, 724 (2016))

图 1.9　洋葱浓缩汁沉淀物中的化合物

1.4 在食品开发过程中调节 Koku 味的强度

为了开发具有 Koku 味的新食品，首先应该创建一个食物味觉感知的图像（图 1.10）。例如，我们可能想要生产出具有弱绵延感、强复杂性和满口感的食品，或者是具有强复杂性和持久性的食品。为了调节 Koku 味的强度，1.4.1、1.4.2 和 1.4.3 节中所述的方法似乎是有效的。

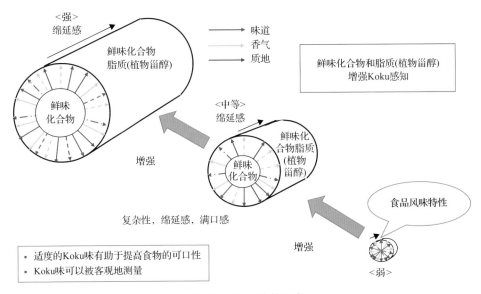

图 1.10　Koku 味的强度

1.4.1　具有 Koku 味的食品生产

如上所述，食物中 Koku 味的复杂性主要是通过加热、发酵或调理产生。这些食物 Koku 味的复杂性程度由生产过程的持续时间来调节。

肉汤是将肉和各种蔬菜如胡萝卜、洋葱等在汤中长时间加热制成的。在加热过程中，从食物中提取游离氨基酸、糖和有机酸，并通过氨基酸与糖之间的美拉德反应在汤中产生各种有益的香气化合物。这种肉汤的 Koku 味的复杂程度是通过改变加热时间来调节的。一般来说，当这些食物被加热一段时间而不是一个很短时间，其复杂性会变得更强。因为随着加热时间的增加，滋味化合物的提取量会增加。

天然奶酪和一些肉类在一定的温度下经过长时间的调理，会产生良好的风味。在天然奶酪和肉类的调理过程中，内源性或微生物蛋白酶会产生多种滋味化合物，如游离氨基酸和肽，这增加了这些食品 Koku 味的复杂性。就奶酪而言，特定的香气化合物是由脂肪酸在特定微生物的作用下产生的。当它们被长时间调理时，这种复杂性会变得更强。就肉类而言，肉类的特殊香味是由加热后的美拉德反应产生的。鲜味化合物在调理过程中也会增加，从而提高满口感和绵延感(图 1.11)。

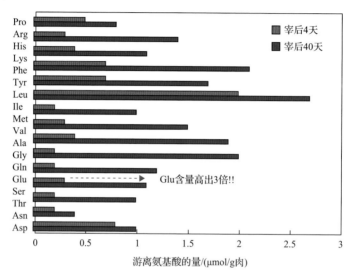

图 1.11 日本黑牛宰后调理过程中游离氨基酸的增加

味噌是用大豆发酵生产的，随着味噌酱发酵的进行，酱的颜色会因美拉德反应由黄色变为棕色。在味噌酱发酵过程中，如游离氨基酸、肽和香气化合物等的各种滋味化合物，是通过微生物的作用而产生和增加的。滋味化合物和香气化合物的增加形成味噌酱 Koku 味的复杂性。此外，发酵过程中，鲜味化合物和美拉德肽的增加也会强化味噌酱的满口感和绵延感。因此，味噌酱的长时间发酵能比短暂发酵产生更强的 Koku 味。

1.4.2 使用对 Koku 味有增强作用的物质

当我们增加食物 Koku 味中的满口感和绵延感的强度时，应在具有弱 Koku 味的食物中添加鲜味物质、鲜味物质和 Kokumi 物质或鲜味物质和美拉德肽。我们研究了在猪肉香肠中添加鲜味化合物后，对猪肉香肠 Koku 味的影响。在香肠中添加鲜味物质可以增强鼻后香气的感觉、香肠风味的复杂性和口感的持久性。

我们认为在食物中添加脂类也可以增强食物 Koku 味的强度。在中式汤中加入能与香气化合物结合的 β-谷甾醇，会增强汤的辛辣香气(图 1.12、图 1.13)，香气的持久性、汤的复杂性和满口感也得到了提高。我们还明确指出在猪肉香肠中添加脂肪可以增强香肠的满口感和复杂性。

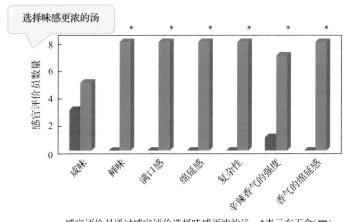

感官评价员通过感官评价选择味感更浓的汤。*表示在不含(■)
和含(■)有β-谷甾醇的两种汤之间，强度存在显著差异($p<0.05$)。

图 1.12 添加 0.05%β-谷甾醇对中式汤感官特性的影响

食物中的脂类(如植物甾醇)与香气化合物结合并在口腔中释放它们

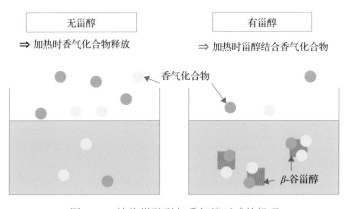

图 1.13 植物甾醇引起香气绵延感的机理

1.4.3 与具有 Koku 味食物的搭配

在日本，有很多美味的食物，比如生鱼片(sashimi)、生马肉(basashi)和黄瓜配莫洛米味噌酱(moro-kyu)都具有 Koku 味。生鱼肉、生马肉和黄瓜都是没有 Koku 味的食物。不过，酱油、皮脂酱、味噌酱都是具有 Koku 味的食品。所以我们吃生鱼片时蘸酱油，吃生马肉时蘸皮脂酱(一种特殊的酱汁)，还有吃表面涂上味噌酱的生黄瓜。那么即使食物中没有 Koku 味，我们也可以将这些食物与酱油、味噌酱等其他食物搭配，使之成为具有 Koku 味的食物。

日本汤料(日式高汤)是用干海藻(昆布)和鲣鱼刨花制成的，其含有鲜味物质，但它的 Koku 味很弱。一些日本厨师说，在日式高汤中加入小沙丁鱼干和鲭鱼刨花，可以使 Koku 味更强。

因此，我们可以通过结合具有较强 Koku 味的食物原料来调节食物 Koku 味的强度。

1.5　在食物感觉上 Koku 不同于 Kokumi

由于在味觉感知上的不同，Koku 不同于 Kokumi（图 1.14）。Koku 是由味道、香气和质地所引起的整体感觉，它由三个要素组成：复杂性、满口感和绵延感。而 Kokumi 最初被认为是第六基本味，因为 Kokumi 物质能与 CaSRs 结合。然而，在低于阈值浓度的情况下，如蒜氨酸、丙烯基半胱氨酸亚砜、谷胱甘肽和 γ-EVG 等 Kokumi 物质会增强食品的满口感和绵延感，而且只有在鲜味物质存在的情况下，它们才能引起汤或鲜味溶液的这些感觉。因此，Kokumi 并没有具体的表达方式。需要注意的是，蒜氨酸、丙烯基半胱氨酸亚砜、谷胱甘肽、γ-EVG 等都是 Kokumi 物质，这些物质添加到汤中可以增强汤 Koku 味的满口感和绵延感。

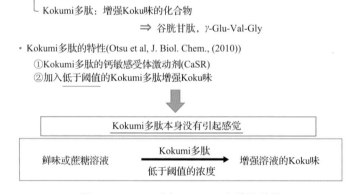

图 1.14　Koku 味与 Kokumi 多肽的差异

参 考 文 献

Dunkel A, Koester J, Hofmann T(2007)Molecular and sensory characterization of gamma-glutamyl peptides as key contributors to the Kokumi taste of edible beans(*Phaseolus vulgaris L.*). J Agric Food Chemi 55(16): 6712-6719

Kurobayashi Y, Katsumi Y, Fujita A, Morimitsu Y, Kubota K(2008)Flavor enhancement of chicken broth from boiled celery constituents. J Agric Biol Chem 56: 512-516

Kuroda M, Kato Y, Yamazaki J, Kageyama N, Mizukoshi T, Miyama H, Eto Y(2013)Determination of γ-glutamyl-valyl-glycine in scallop and processed scallop products using high pressure liquid chromatography-tandem mass spectrometry. Food Chem 141: 823-828

Nishimura T, Egusa A S, Nagao A, Odahara T, Sugise T, Mizoguchi N, Nosho Y (2016b) Phytosterols in onion contribute to a sensation of lingering of aroma, a Koku attribute. Food Chem 192: 724-728

Nishimura T, Goto S, Miura K, Takakura Y, Egusa A S, Wakabayashi H (2016a) Umami compounds enhance the intensity of reteronasal sensation of aromas from model chicken soups. Food Chem 196: 577-583

Ogasawara M, Katsumata E, Egi M (2006a) Taste properties of Maillard-reaction products prepared from 1000 to 5000Da peptide. Food Chem 99: 600-604

Ogasawara M, Yamada Y, Egi M (2006b) Taste enhancer from the long-term ripening of miso (soybean paste). Food Chem 99: 736-741

Ohtsu T, Amino Y, Nagasaki H, Yamanaka T, Takeshita S, Hatanaka T, Maruyama Y, Miyamura N, Eto Y (2010) Involvement of the calcium-sensing receptor in human taste perception. J Biol Chem 285: 1016-1022

Ueda Y , Sakaguchi M, Hirayama K, Mijajima R, Kimizuka A (1990) Characteristic flavor constituents in water extract of garlic. Agric Biol Chem 54: 163-169

Ueda Y, Tsubuku T, Miyajima R (1994) Composition of sulfur-containing components in onion and their flavor characters. Biosci Biotechnol Biochem 58: 108-110

Yamaguchi S, Kimizuka A (1979) Psychometric studies on the taste of monosodium glutamate. In: Filer LJ Jr et al (eds) Glutamic acid: advances biochemistry and physiology. Raven Press, New York, pp 35-54

第 2 章　鲜味和 Koku 在增强食物适口性中的重要作用

Takashi Yamamoto

摘要　"Umami"（或鲜味）和"Koku"是由传统日本料理特征中产生并长期使用的日语词汇，两个词都是基于谷氨酸的滋味特点而形成食物美味的描述。尽管鲜味已被全世界公认是一种基本滋味，其他四种基本滋味还包括甜味、咸味、酸味和苦味，但谷氨酸在滋味、鲜味和风味增强方面的具体作用仍需进一步了解。从鲜味的发现到鲜味的受体机制，在本章将进行阐明以帮助更好地了解鲜味呈味特征。Koku 一词则与风味的增强作用有关，该词是日本人在日常饮食中使用的一个概念性描述词，它意味着食物在风味和质地上伴随着"浓厚度"、"连续性"和"满口感"的感官。Koku 可能是由食品中复杂成分的香气、质地和味道的综合作用所引起的。从 Koku 在滋味的属性方面上来说，即所谓的"Kokumi"，表现为食物复杂成分中所含或从外部添加的某些物质（Kokumi 诱导物质）增强对鲜味物质的反应。目前已知 Kokumi 物质是钙敏感受体（CaSR）的激动剂。更好地认识鲜味和 Koku 有助于深入了解谷氨酸在提升食物适口性中的重要作用。

关键词　谷氨酸、风味增强作用、浓厚度、连续性、满口感、Kokumi 物质、CaSR

2.1　日本料理的特点

2.1.1　丰富的原材料

日本食物反映了日本岛屿的地理和气候环境，由各种各样的原材料组成。日本四面环海，冷暖气流交汇，为鱼类、贝类和海藻等各种海洋生物提供了理想的环境。从最北端寒冷的北海道（Hokkaido）到亚热带气候的冲绳（Okinawa）岛屿，日本列岛绵延 3000 多公里。在如此绵长的海岛上，丘陵和山脉占据了大部分土地，可以供应丰富多样的水果、蔬菜、坚果和真菌。此外，春、夏、秋、冬四个不同季节的温带气候催生出各式美味的天然食材。自从中国引进稻田耕作技术以来，日本的平原地区一直遵循以水稻为主要作物的传统。

2.1.2　高汤文化

日本人每餐米饭都会搭配各种食材的菜肴。在日本，人们一般比较喜欢食材的天然味道和质地，传统上他们会用"Dashi"（日本的汤料）来烹饪，给食物带来促进食欲的风味（味道和香气）。日式高汤 Dashi 是一种重要的食材，在日本料理中已经使用了 1000 多年。因此，高汤可以说是日本传统食品的基础。高汤通常由海带（kombu）（或干海带"konbu"）、干鲣鱼（katsuobushi）和干香菇等原料制成。Dashi 字面意思是"煮过的提取物"，与中国和西方国家复杂的汤料味道相比，它有一种非常简单和微妙的味道。几乎所有煮过的菜和汤都可以加入高汤（Dashi），就像西方或中国烹饪中使用的肉汤一样。

Kombu 是一种海洋蔬菜，被称为海带（褐色、缠绕状，海带属），主要生长在日本北海道岛附近的冷海水中。海带需要 2 年的时间才能完全长成。成熟的海带一收获，就在太阳下晾晒，接下来在干燥室通过热风吹干。然后干海带需要存放 2 年才成熟，在此期间，它的味道会进一步提升。用海带熬制的高汤"海带高汤"的制作非常简单：将干燥的海带片切成 20 厘米左右，将海带和 1 升水放入大炖锅中用中火加热，在水煮沸之前取出海带。

"Katsuobushi"是干鲣鱼的俗称。干鲣鱼片经过一个复杂的加工过程形成：鲣鱼炖煮之后，经过长时间干燥，再进行烟熏，然后用真菌发酵 6 个月以上，在此期间，鱼肉中的蛋白质和核苷酸被分解，并产生风味增强作用。在制作"鱼骨汤"（katsuo-Dashi）时，日本厨师通常会刮掉干鲣鱼的鱼鳞，然后把它放入锅中按照"海带高汤"方法进行制作。

日本的高汤只需 10 分钟就能快速做好，而法式的高汤或清汤则需要一周时间准备原料。实际上，如前面所说，制作海带高汤和鱼骨汤之前需要非常漫长的过程来处理海带和鲣鱼。

另外需要说明的是，传统的日本料理是不使用油脂和动物脂肪的，这和西方料理存在天壤之别，也是日本料理健康的原因之一。

2.2　高汤重要成分——谷氨酸的发现

2.2.1　味精的发现

食物由多种化学物质组成，不同化学物质通过口腔和鼻腔会感觉到不同味道和香气，这些感觉被统称为化学感觉。化学家们对化学感觉有兴趣并不奇怪。100 多年前，日本科学家、东京帝国大学（现东京大学）的池田菊苗（Kikunae Ikeda）教授开始了对味觉的研究。1899～1901 年，他在德国莱比锡（Leipzig）进行化学研究期间，品尝了当时在日本不常见的芦笋、西红柿、奶酪和肉类等食物。作为一个非常细心的品尝者，他发现这些食物复杂的味道中有一种共同的属性，这种属性相当奇特而又不能被归入任何明确定义如甜、咸、酸、苦等的味道特质。他描述说这种味道通常很微弱，容易被其他更强烈的味道掩盖，除非特别注意，否则通常很难识别它。

池田菊苗在京都出生并长大，京都是日本历史上最重要的城市之一，自 794 年以来，京都作为日本的首都有上千年的历史。京都作为日本中心的悠久历史也造就了池田教授习惯的典型日本料理。回到日本后，他注意到海带高汤也有同样独特的滋味，他认为这是非常独特的味觉，不属于任何传统的四种基本味觉特质。于是他开始寻找海带的基本味觉物质，并在 1908 年他终于分离出一种晶体状的物质，这种物质的味道和他之前觉察到的味道完全一样。这是一种叫作谷氨酸的氨基酸，后来证明，干海带中含有的谷氨酸比其他任何食物都要丰富，他暂时将这种独特的味觉命名为"鲜味"(Ikeda, 1909)。他提出，他之所以用这个名字，是因为这种独特的味觉主要与"umai"的印象有关，"umai"是一个日本形容词，意思是美味、可口、适口或愉悦。之后 1912 年在纽约举行的一次国际会议上，他提出用"谷氨酸味"(glutamic taste)来代替鲜味。尽管"谷氨酸味"一词听起非常准确和直截了当，但与鲜味相比，这个听起来像化学词汇的叫法似乎没有那么大的影响力，也很难被接受，并且不被全世界的厨师和美食家采纳。

2.2.2 谷氨酸与谷氨酸盐

德国科学家 Ritthausen(1866)早在 1866 年就通过小麦面筋的酸水解发现了谷氨酸，并在池田的论文中被引用(Ikeda, 1909; Lindemann et al., 2002)，Fischer (1906)注意到谷氨酸有一种特殊的弱酸味的"不良"味道。如果你把少量的谷氨酸放入口腔，你会因为它离解的氢离子而立即尝到酸味，并且随着唾液的缓冲作用，你会逐渐感觉到它独特的味道。池田将少量碳酸氢钠和谷氨酸混合，以中和并消除酸味，他将混合物提供给人们以呈现鲜味，但由于溶解在水中会产生二氧化碳气体而给人不好的印象。池田很快发现，是谷氨酸盐而不是谷氨酸本身引起独特的味道——鲜味，没有酸味是因为它呈中性。

池田发现不同的谷氨酸盐，如钠、钾、镁或钙，根据盐的种类，会产生微妙的含阳离子味道的鲜味。他证实，无论伴随何种阳离子，谷氨酸都能引起鲜味。谷氨酸不仅存在于海带中，在各种食物中也或多或少存在。池田在此研究基础上，尝试开发出一种与食物天然味道相容的新型调味物质。他认为"L-谷氨酸钠"(MSG)是最好的调味料，因为它易溶于水，并且具有纯净浓郁的鲜味，稳定性高且不易吸水。现在，味精(MSG)是通过发酵技术来生产的。

2.2.3 鲜味的国际认可

池田的发现已过去几十年后在西方仍鲜为人知，因为他的原始论文是用日语写的，没有翻译成英语。西方人和美国人对富含谷氨酸的成分很熟悉，如帕尔玛干酪、番茄、肉、鱼、鸡汤等，但没有人注意到谷氨酸的独特味道，这主要是因为它们的味道很淡，易被其他较强的味道所掩盖。此外，西方人和美国人认为味精是一种"风味增强剂"。据报道，池田 1912 年在纽约的报告更多的是让人打瞌睡而不是做笔记（Kasabian & Kasabian, 2005）。尽管如此，我们还是要感谢池田教授杰出和细致的工作，在海带高汤以及奶酪、芦笋、番茄和肉类中发掘出独特的味道，从而发现鲜味。

海带高汤中主要的游离氨基酸是谷氨酸和天冬氨酸，这两种氨基酸构成了海带的鲜味。谷氨酸和天冬氨酸都能产生鲜味，但天冬氨酸的鲜味强度只有谷氨酸的十分之一。这意味着，海带高汤鲜味的主要来源是谷氨酸，使高汤成为非常简便、纯粹的鲜味溶液。相比之下，法式肉汤和中式汤料含有来自肉类和蔬菜成分的多种氨基酸，正是这些复杂成分协调呈现出肉汤和汤料的味道。从孩提时代起，日本人就通过高汤来体验鲜味，而西方人和中国人则习惯了更复杂的味道。这可能是西方人和中国人花了很长时间才认识鲜味的另一个原因。

1985 年，第一届鲜味国际研讨会在夏威夷举行，各种不同领域的科学论文提出并证明鲜味是除甜、酸、苦、咸之外的第五种基本味（Kawamura & Kare, 1987）。关于如何称呼"glutamate"的味道也有过热烈的讨论，最后大家一致同意用"umami"这个词，因为当时没有一个恰当的英语单词来形容它。直到这次研讨会，日语"umami"一词才被国际品味词汇所接受。2013 年 12 月 4 日，联合国教科文组织（UNESCO）将"washoku"（传统日本料理）列为非物质文化遗产，鲜味在烹饪界和普通民众中更加广为人知。

2.3　其他鲜味物质的研究

随着味精的发现，其他鲜味物质也被发现。1913 年，池田的得意门生 Shintaro Kodama（1913）发现，肌苷酸盐（5′-肌苷酸单磷酸，IMP，5′-核糖核苷酸之一）是日本干鲣鱼（katsuobushi）美味的关键因素，它也能产生鲜味。随后的研究表明，在动物体中，尤其是干沙丁鱼、鲣鱼片和肉中，发现了大量的该鲜味物质。IMP 由 ATP（三磷酸腺苷）分解而来，IMP 的形成速度缓慢，在动物死亡后 10 小时左右达到浓度丰值。

1960 年，Akira Kuninaka（1960）发现鸟苷酸（5′-核苷一磷酸，GMP，5′-核糖核苷酸之一）也具有鲜味，后来发现该物质大量存在于蘑菇中，尤其是干燥的香菇中。L-谷氨酸盐，5′-肌苷酸盐和 5′-鸟苷酸盐统称为鲜味物质。

富含这类鲜味物质的食物通常被称为"鲜味丰富的食物"。这里要指出的是，大多数鲜味浓郁的食物不一定会引起明显的鲜味，因为鲜味太微弱而容易被其他较强的味感所遮掩。富含鲜味的天然食物在一篇综述论文中有详细介绍

(Yamaguchi & Ninomiya, 2000)。简单地说，富含谷氨酸的鲜味丰富的食物包括海带、帕尔玛干酪、绿茶、番茄、酱油、味噌(发酵的大豆酱)。富含肌苷酸的食物有干鲣鱼、沙丁鱼、猪肉和鸡肉。富含鸟苷酸的食物有干香菇和干羊肚菌。在奶酪和腌制火腿中可以看到，随着食物的成熟鲜味显著提升。随着番茄成熟，游离谷氨酸水平显著增加，完全成熟的红番茄含有大量谷氨酸。如果你想在日本以外的地方用海带、干鲣鱼和干香菇做正宗的日本料理是不容易的，但是在这种情况下采取替代性食品，例如用番茄干代替海带，用干羊肚菌蘑菇代替干香菇，用鸡胸肉代替干鲣鱼等，也可以成功制作日式高汤。

2.4 协 同 作 用

Kuninaka 发现谷氨酸和 5′-核糖核苷酸(肌苷酸或鸟苷酸)之间存在一种味觉协同作用(Kuninaka, 1960; Kuninaka, 1964)。当两种鲜味物质混合时，鲜味的强度会明显增强。Yamaguchi(1967)根据 MSG 和 IMP 混合比例与主观口味强度的关系，发现 MSG 和 IMP 混合后的最大鲜味强度比各成分的鲜味强度增加了 7～8 倍。Yamaguchi 和 Kimizuka(Yamaguchi & Kimizuka, 1979)还根据阈值浓度证明 MSG 的检测阈值低(0.012%，w/V)，可以用作调味料，但比酒石酸(0.00094)或硫酸奎宁(0.000049)的检测阈值高，然而，在有 IMP(0.25% IMP 溶液)存在的情况下，MSG 的检测阈值显著降低(0.00019)。这是由于 MSG 与 IMP 之间存在一种味觉协同效应。Yamaguchi(Yamaguchi, 1967; Yamaguchi et al., 1971)在另一协同作用的例子中表示，它们之间的协同作用可通过等式表示：如果将 ug/100mL 的 MSG 与 vg/100mL 的 IMP(或 GMP)混合，所得溶液的味觉强度，以单独的 MSG 浓度 yg/100mL 为单位计，对 IMP 可以表示为 $y = u + 1218uv$，对于 GMP 可以表示为 $y = u + 2800uv$。

在 Kuninaka 关于通过混合谷氨酸和 5′-核糖核苷酸(如肌苷酸或鸟苷酸)来产生鲜味的协同作用的科学发现之前，日本人已经注意到了一种制作美味高汤的技术，即一种称为"ichiban-Dashi"的复合高汤，由两种鲜味丰富的成分制成，包括富含谷氨酸盐的海带和含有大量肌苷酸盐的干鱼制成，其鲜味增加量约为单独使用谷氨酸盐时的八倍。

2.5 谷氨酸盐的双重功能

如前所述，池田注意到谷氨酸具有独特的味道，该味道不属于常规的四种基本味道特质，并被命名为鲜味。该术语是由他创造出来的，因为他认识到谷氨酸为食品赋予了熟悉且令人满意的风味。一种对"鲜味即可口"的混淆或误解来自于这样背景的命名，需要强调的是，鲜味指的是一种独特的味道，仅有鲜味并不代表美味(Yamaguchi & Takahashi, 1984；Beauchamp & Pearson, 1991)。正如 Halpern(2002)所提出的，就像盐(NaCl)表示咸味一样(或者有盐的味道或盐咸味)，用"谷氨酸盐"来表示"谷氨酸味"而不是"鲜味"更恰当。但是，在烹饪中当谷氨酸盐与其他配料混合时，才会使烹饪更加美味；而单独使用谷氨酸盐则不会产生同样的效果(Yamaguchi，1998)(图 2.1)，这在后面会有叙述。

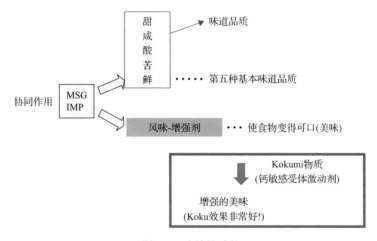

图 2.1　味精的功能

味精有两种功能：一是形成鲜味，二是使食物变得美味。味精与 IMP 有协同作用。
进一步加入 Kokumi 诱导物(钙敏感受体激动剂)，可以增强美味

　　一般而言，单一调味剂具有两个独特的功能，一种功能是引起特定的味道，另一种是影响食品中调味剂的味道。很难从科学上解释为什么谷氨酸盐本身味感不好，但它却使食物变得美味。最近，Yasumatsu 等(2015)的研究指出，细胞表达的 T1R1/T1R3 有助于鲜味的协同作用，且部分有助于甜味的敏感性，而表达的 mGluRs 涉及鲜味化合物的含量检测，前者与适口性诱导作用有关，后者与引起鲜味的相关性有关。这是一个很有趣的研究，因为质量和愉悦度的区别已经在外围受体水平上做出了区分。综上所述，谷氨酸有一种独特的味道并称之为鲜味(umami)，它被大脑皮层的主要味觉区域识别，但当它与食物的成分混合时，通过与情感相关的大脑区域的处理，它会产生一种增强味道的效果，使食物变得美味可口。

2.6　谷氨酸的风味增强作用

　　为什么谷氨酸的存在会使食物变得美味？是因为谷氨酸的独特味道(鲜味)还是由于与鲜味无关的谷氨酸的增味作用(或调味作用)？尽管如上一节所述，后者

可能是正确的，但要确定哪种才是正确的并不容易，因为不可能将鲜味与调味效果区分开，因为这两种味感通常会同时出现。如之前所描述的那样，可以在味觉概念中找到理解鲜味的线索，鲜味本身不一定像糖一样好（甜味），但是与盐的情况类似，即咸味不一定好，但是一定浓度的盐对使食物美味至关重要。值得注意的是，添加接近阈值或低浓度的 MSG（Yamaguchi, 1998）可能不会产生明显的鲜味，但可以提高美味。然而，如果你添加了过多的味精，食物将会产生太强烈的鲜味并刺激唾液分泌，从而导致适口性降低。

根据上述说法，Yamaguchi 和 Takahashi（1984）指出，MSG 的鲜味（umami），就愉悦度而言，它本身是中性的或不可口的，但如果使用得当，它可以使各种食物美味可口。然而，MSG 与其他基本味的简单组合并不改变口味或产生负作用，这意味着谷氨酸不影响简单的二元混合基本口味的愉悦度。另一方面，在实验中使用牛肉清汤作为食物时，添加低至 0.2%（约为识别阈值）的 MSG 可以适当地增加食物的整体味道强度（Yamaguchi, 1998），这表明 MSG 与牛肉清汤中未知物质的相互作用对风味改善至关重要。如图 2.2 所示，在经典的四种基本口味中，甜味和咸味均有所增加，酸味和苦味均略有减少。最显著的变化是风味特征的显著增加，这在一定程度上可以用西方文化中的"幅度"来表达，即："浓厚度""连续性""满口度""冲击力"和"温和度"。这些增强风味的特征在日语中统称为"Koku"。因此，谷氨酸提升了食物的整体美味。Koku 将在以下各节中进行详细阐述。

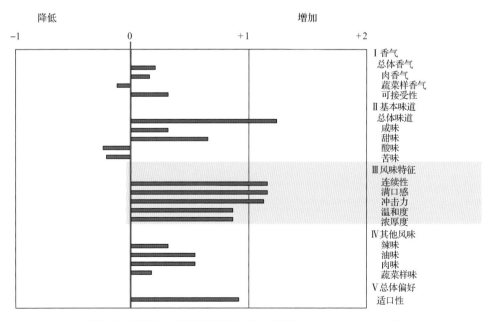

图 2.2　味精对牛肉清汤风味的影响（修改自 Yamaguchi, 1998）

2.7　Koku

美味在促进食物消费方面发挥着重要作用。在烹饪中寻求更加美味是很自然的事。由于日式高汤的味道微妙而温和，日本人注意到一种使高汤更美味的技术，即如上所述的一种称为"ichiban-Dashi"的高汤。一些日本人可能会说与简单的海带高汤或鱼骨汤相比，ichiban-Dashi 具有 Koku。此外，在日式鱼汤中加入富含多种氨基酸的酱油或味噌(miso)，可以提高 Koku 的认知度。Koku 是一个日语词汇，字面意思是"强壮"、"富有"或"集中"。一般来说，日本人每天在评价食物的美味程度时都会使用 Koku 这个词。他们经常在短语中使用这个词，比如"这食物很好吃，因为里面有 Koku。"

食物中含有谷氨酸和其他复杂的化学物质，包括丰富的氨基酸，这是形成 Koku 的一个必要条件。例如，据说 9 个月的切达干酪比 2 个月的含有更多的 Koku，因为前者有丰富的化学反应或分解产物。同样，年份葡萄酒比 Beaujolais Nouveau 等新葡萄酒含有更多的 Koku，这是因为年份酒含有更丰富的成分。同样的原因，煮 6 小时的汤比煮 1 小时的汤含有更多的 Koku。因此，当我们沉浸于食物风味、质地和颜色，以及品尝经过成熟、发酵、陈化、固化、干燥和慢煮等过程而富含复杂化合物的食物味道时，最适合使用 Koku 一词。当人们品尝葡萄酒时，葡萄酒的 Koku 习惯上被表达为"酒体"。此外，人们在品尝某些食物或饮料时可能会用"丰富"而不是"Koku"。

Koku 是用于食品的概念性词，表示在多种情况下由于多样感官相互作用而导致的广泛风味特征，从而导致良好的适口性。因此，Koku 不是一种感觉模式，如味觉、嗅觉、触觉、疼痛、视觉和听觉，也不是感觉的一个定性方面，如甜、酸、咸、苦、暖、冷、红、绿。Koku 与感觉的程度和愉悦度有关。为了在感官测试中科学地评价 Koku，采用了 Koku 的属性如浓厚度(集中、幅度、强度)、连续性(回味)、满口度(舌苔感觉)、温和度(平滑、平衡、和谐)、深度(丰富度、复杂性)和冲击力(影响)等属性来评价。浓厚度指的是丰富的复杂性，连续性指的是持久的感官效果，包括增加回味，而满口度指的是感官强化或感觉蔓延到整个口腔。这些属性可以用图 2.3 所示的 Koku 图来解释，即浓厚度以纵坐标的增加表示；以横坐标增加表示连续性；满口度表现为面积扩大；温和度表示为从不平整的曲线到光滑的曲线；深度用符号由小到大表示；而冲击力则由开始出现曲线的陡峭程度体现。

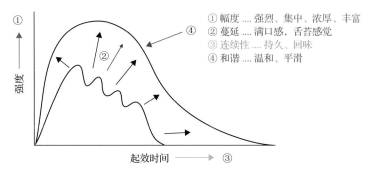

图 2.3　具有四种 Koku 味的 Koku（或 Kokumi）图像

在 Kokumi 物质的作用下，具有鲜味物质的食物变得非常美味，具有 Koku 味

2.8　Koku 和 Kokumi

如上所述，复杂的感官特性和品质的组合会形成 Koku。当一种或多种特定的关键物质共存于含有鲜味物质的食物中，食物就会变得非常美味。这些关键物质被称为"Koku 诱导物质"，包括糖原、脂肪、油脂、蒜氨酸、谷胱甘肽、含硫化合物、一些特定的肽、美拉德反应产物、氨基酸、明胶加热产物和原肌球蛋白。只有单一的感觉方式才能有效诱导 Koku，例如，食物的质地增加了黏度或黏稠度，这是诱发 Koku 的一个重要因素。某些香气对 Koku 的产生非常有效，例如，存在于芹菜中的特征香气化合物，苯酞如洋川芎内酯（sedanenolide）、3-正丁基苯酞（3-*n*-butylphthalide）和瑟丹酸内酯（sedanolide）有助于增强鸡汤的风味（Kurobayashi 等，2008）。当谷氨酸与一个辅助性的、良好的香气（蔬菜）结合在一起时，产生的味道变得更令人愉快（Rolls，2009；Nishimura 等，2016）。

Koku 只能通过不同味觉之间的相互作用而产生。对于这一现象，Ueda 等人在 1990 年进行了开创性的研究。根据他们的论文（Ueda 等，1990），他们提出"在鲜味溶液（MSG + IMP）中加入少量大蒜提取物可增强其风味特征，如连续性、满口度和浓厚度。"这些字符与上面描述 Koku 的字符相同；但是，他们将这些风味特征称为"Kokumi 风味"。这个创造的术语 Kokumi 是"Koku"加"mi"（"mi"在日语中表示滋味）的复合词。然而，这一术语的引入使"Koku 界"非常困惑。日本人在日常生活中从不使用 Kokumi，而相关领域的科学家现在使用 Kokumi 而不是 Koku，因为有几名研究人员遵循了这个名称，基本上没有研究人员使用 Koku，甚至"Kokumi 风味"的表达出现在关于味觉的科学论文中（Ohsu 等，2010）。这里需要指出的是，Kokumi 既不是像鲜味那样一种独特的口味，也不是另一种不同的 Koku。Kokumi 是用来表示 Koku 的，Koku 是通过添加一些即使没有味道的物质改变味觉感受而诱导出来的，这种物质被称为"Kokumi 物质"，相当于 Koku

诱导物质。然而，当你使用 Kokumi 诱导物质时，你应该记住，这些物质在与下面描述的 Kokumi 受体结合后才发挥其功能。

Ueda 等(1997)通过对人体研究及 Yamamoto 等(2009)在老鼠研究中均发现谷胱甘肽是 Kokumi 物质之一。谷胱甘肽是一种由谷氨酸、半胱氨酸和甘氨酸组成的三肽(L-γ-谷氨酰-L-半胱氨酰-甘氨酸，简称谷胱甘肽)，广泛存在于肉类、海鲜和葡萄酒等食品中。Yamamoto 等利用行为学和电生理实验探讨谷胱甘肽和鲜味物质在小鼠体内的混合效应。他们发现，向 IMP 添加谷胱甘肽，而不是向谷氨酸单钾(MPG)添加谷胱甘肽，增加了对溶液的偏好(图 2.4)。味觉神经对谷胱甘肽和 IMP 混合物的神经反应表现出协同作用，而对谷胱甘肽和 MPG 则没有(图 2.5)。

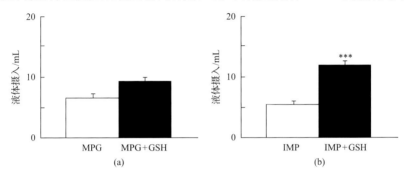

图 2.4　在小鼠的两瓶偏好试验中，0.1mol/L 谷氨酸钾(MPG)加或不加 1mmol/L 谷胱甘肽(GSH)(a)和 1mmol/L 一磷酸肌苷(IMP)加或不加 1mmol/L GSH(b)的液体摄入平均体积±SE
每个图中的一对液体同时呈现 48h。修改自 Yamamoto 等(2009)的方法。***，$P<0.001$(t 检验)

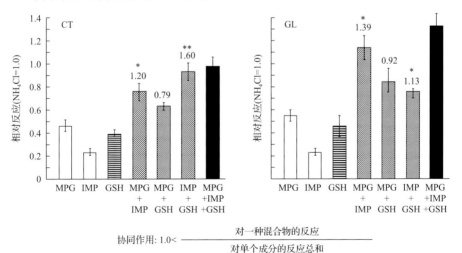

图 2.5　表示支配舌前部的鼓索(CT)和支配舌后部的舌咽神经(GL)
对 MPG、IMP、GSH 及其混合物的相对反应±SE
条形图上方的值显示用图下部所示的公式计算出的增强率。修改自 Yamamoto 等(2009)的方法。
*$P<0.05$，**$P<0.01$(混合反应与各成分反应之和的 t 检验)

他们认为谷胱甘肽增强了对含有 5′-核糖核酸而不是谷氨酸的鲜味溶液的偏好。当然这里存在物种差异的可能性，应在之后的研究中予以澄清。在一项人体感官试验中，Ueda 等(1997)也使用了一种含有 0.05%的 MSG 和 5′-肌苷酸的鲜味溶液，并提出谷胱甘肽增加了该鲜味溶液的风味特性。他们提出，鲜味溶液提升的风味(或增加的美味或可口性)可以用诸如连续性、浓厚度和满口感等术语来表示。从这个实验的结果来看，Koku 的典型意义可以简单地解释为最初由鲜味物质产生的高度增强美味的状态。

2.9 CaSR 激动剂

SanGabriel 等(2009)发现，在 2 型和 3 型味觉细胞中存在一种受体称为钙敏感受体(CaSR)。众所周知，在甲状旁腺和肾脏中表达的 CaSR 在细胞外钙稳态中发挥重要作用，在其他组织中表达的 CaSR 也具有一定的生物学功能。CaSR 激动剂是钙离子、碱性肽(如鱼精蛋白和多聚赖氨酸)和芳香族氨基酸(如组氨酸、色氨酸和苯丙氨酸)。Ohsu 等(2010)发现包括谷胱甘肽在内的 46 种 γ-谷氨酰肽中，γ-谷氨酰-缬氨酰-甘氨酸(γ-Glu-Val-Gly)是活性最高的 CaSR 激动剂，当 0.01%的 γ-Glu-Val-Gly 单独与 3.3%的蔗糖、0.9%的 NaCl 或 0.5%的 MSG 混合时，诱导的 Koku 最显著，这些 Kokumi 物质与 CaSR 结合，增加甜、咸和鲜味的反应，并在人类感官测试中诱发 Koku 效应(Ohsu 等，2010; Maruyama 等，2012)。CaSR 现在已被确立为 Kokumi 物质的受体。有趣的是，这些物质的亚阈值浓度也存在一定效果，这表明这些物质的滋味特征并不是必需的(Ohsu 等，2010)。γ-Glu-Val-Gly 不是人造产品，而是存在于如商业鱼酱(Kuroda 等，2012)和商业酱油(Kuroda 等，2013)等天然食品中。

我们最近的研究表明 GPRC6A 是 Kokumi 物质的另一个候选受体。鸟氨酸是该受体的有效激动剂(Mizuta & Yamamoto, 2018，未出版)。

2.10 谷氨酸盐与 Kokumi 物质之间的相互作用

因此，最近在食品化学、味觉受体的分子生物学和心理物理学领域的研究，揭示了食物的适口性的本质与 Koku 和鲜味有关。根据假设，广泛分布的味觉细胞亚群中的 CaSR 受体被 Kokumi 物质激活，进而传递食欲信息。人们常认为在烹饪过程中加入一些鲜味物质会带来美味。但相反的表达可能更合适，即当原料中存在某些 Kokumi 物质时，鲜味反应会急剧增加。

Koku 的概念可能会被大多数食用海带高汤和/或鱼骨汤制作的、味道温和的菜肴的日本人所理解。中国和西方国家的高汤成分复杂，包括谷氨酸、Koku 诱导物质和 Kokumi 物质，并能引起风味增强，即 Koku 已经存在于高汤中。因此，那些已经习惯了鲜味浓汤的人可能很难理解 Koku 的意思。我想建议那些不熟悉 Koku 的人，想想乳制品的味道，或者去品尝乳制品（最好是母乳），其中含有大量的谷氨酸、脂肪、乳糖和钙，这些物质之间的相互作用不仅能产生简单的美味，还能产生复杂、深刻、丰富的满足感，这可能与日本人对 Koku 的想象类似。

2.11　总　　结

1. 味精（MSG）具有双重功能：一种是引起鲜味的独特味道，另一种是增强食物的美味。

2. 烹饪的美味基本上来自 MSG 的调味效果。

3. 海带高汤富含 MSG，是日本人日常生活中最简单的增味剂。

4. 由于海带高汤（谷氨酸盐）和鱼骨汤（肌氨酸盐）之间的协同作用，Ichiban-Dashi 具有更好的风味。

5. 在 Ichiban-Dashi 中加入富含多种氨基酸的味噌或酱油，口感浓厚、满口感、连续性强得多，这通常被日本人称为 Koku。

6. Koku 可以被简单地定义为一种更加美味的状态。

7. 西方和中国的汤中已经有了 Koku。

8. Koku 诱导物质，包括不同形式的物质，通过 Koku 味增强了食物的美味。

9. Kokumi 是一个创造词，用来表示由某些化学物质（例如谷胱甘肽和 Ý-Glu-Val-Gly）引起的 Koku，这些物质是 CaSR 的激动剂。

10. 这些物质被称为 Kokumi 物质，它们通过与鲜味物质之间的味觉相互作用增强了食物的美味。

致谢　东京鲜味信息中心（UIC）提供了《鲜味》和《鲜味世界》，这两本小册子内容丰富，对本文的准备工作有重大帮助。本文得到了 JSPS KAKENHI（批准号 17K00835）和日本畿央大学项目研究的资助。

参 考 文 献

Beauchamp G K, Pearson P (1991) Human development and umami taste. Physiol Behav 49: 1009-1012

Halpern B P (2002) What's in a name? Are MSG and umami the same? Chem Senses 27: 845-846

Ikeda K (1909) On a new seasoning. J Tokyo Chem Soc 30: 820-836. (in Japanese)

Kasabian D, Kasabian A (2005) The fifth taste. Columbia University Press, New York, p 16

Kawamura Y, Kare M R (eds) (1987) Umami: a basic taste. Marcel Dekker, New York

Kodama S (1913) On a procedure for separating inosinic acid. J Tokyo Chem Soc 34: 751-757. (in Japanese)

Kuninaka A (1960) Studies on taste of ribonucleic acid derivatives. J Agric Chem Soc Jpn 34: 487-492. (in Japanese)

Kuninaka A (1964) The nucleotides, a rationale of research on flavor potentiation. Symposium on flavor potentiation. AD Little, Cambridge, MA, pp 4-9

Kurobayashi Y et al (2008) Flavor enhancement of chicken broth from boiled celery constituents. J Agric Food Chem 56: 512-516

Kuroda M et al (2012) Determination and quantification of γ-Glutamyl-valyl-glycine in commercial fish sauces. J Agric Food Chem 60: 7291-7296

Kuroda M et al (2013) Determination and quantification of the Kokumi peptide, γ-glutamyl-valyl-glycine, in commercial soy sauces. Food Chem 141: 823-828

Lindemann B, Ogiwara Y, Ninomiya K (2002) The discovery of umami. Chem Senses 27: 847-849. (English translation)

Maruyama Y, Yasuda R, Kuroda M, Eto Y (2012) Kokumi substances, enhancers of basic tastes, induce responses in calcium-sensing receptor expressing taste cells. PLoS One 7: e34489

Nishimura T et al (2016) Umami compounds enhance the intensity of retronasal sensation of aromas from model chicken soups. Food Chem 196: 577-583

Ohsu T et al (2010) Involvement of the calcium-sensing receptor in human taste perception. J Biol Chem 285: 1016-1022

Rolls E T (2009) Functional neuroimaging of umami taste: what makes umami pleasant? Am J Clin Nutr 90: 804S-813S

San Gabriel A, Uneyama H, Maekawa T, Torii K (2009) The calcium-sensing receptor in taste tissue. Biochem Biophys Res Commun 378: 414-418

Ueda Y, Sakaguchi M, Hirayama K, Miyajima R, Kimizuka A (1990) Characteristic flavor constituents in water extract of garlic. Agric Boil Chem 54: 163-169

Ueda Y, Yonemitsu M, Tsubuku T, Sakaguchi M, Miyajima R (1997) Flavor characteristics of glutathione in raw and cooked foodstuffs. Biosci Biotechnol Biochem 61: 1977-1980

Yamaguchi S (1967) The synergistic taste effect of monosodium glutamate and disodium 5'-inosinate. J Food Sci 32: 473-478

Yamaguchi S (1998) Basic properties of umami and its effects on food flavor. Food Rev Int 14: 139-176

Yamaguchi S, Kimizuka A (1979) Psychometric studies on the taste of monosodium glutamate. In: Filer L J et al (eds) Glutamic acid: advances in biochemistry and physiology. Raven Press, New York, pp 35-54

Yamaguchi S, Ninomiya K (2000) Umami and food palatability. J Nutr 130: 921S-926S

Yamaguchi S, Takahashi C (1984) Hedonic function of monosodium glutamate and four basic taste substances used at various concentration levels in simple and complex systems. Agric Biol Chem 48: 1077-1081

Yamaguchi S, Yoshikawa S, Ikeda S, Ninomiya T (1971) Measurement of the relative taste intensity of some L-α-amino acids and 5'-nucleotides. J Food Sci 36: 846-849

Yamamoto T, Watanabe U, Fujimoto M, Sako N (2009) Taste preference and nerve response to 5'-inosine monophosphate are enhanced by glutathione in mice. Chem Senses 34: 809-818

Yasumatsu K et al (2015) Involvement of multiple taste receptors in umami taste: analysis of gustatory nerve responses in metabotropic glutamate receptor 4 knockout mice. J Physiol 395: 1021-1034

第3章 追求鲜味

Ole G. Mouritsen

摘要 池田菊苗在1909年提出了第五种滋味，即鲜味，作为另一种基本味。一个多世纪后，许多人甚至包括厨师，尤其是日本以外的人，仍然在为食物中鲜味的清晰认知而倍感纠结。通常，鲜味被错误地用作美味的同义词，是四种经典基本口味的碰巧组合，同时还有令人愉悦的口感。现已知，鲜味是由味蕾中的受体通过与游离氨基酸，特别是谷氨酸的相互作用产生刺激而引起的，通常与游离的5′-核苷酸如肌苷、腺苷酸和鸟苷酸协同作用。鲜味是 Koku 味中的一个重要组成部分，它提高了整体口味体验的连续性和满口感。为了确定某些食物是否会引起真正的鲜味，我们对经常声称含有鲜味的各种食品和食品制剂中的游离氨基酸含量进行定量分析，特别是发酵酱油、海藻、头足类动物和真空低温烹饪的肉制品。我们发现，在某些情况下，这些食物，即使美味，实际上含有很少的游离谷氨酸。

关键词 鲜味、Kokumi 物质、谷氨酸、烹调法、发酵、鱼、海藻、日式高汤、鱿鱼、真空低温烹饪法

3.1 引 言

尽管"鲜味"被广泛认可，即使在整个西方世界，许多人也很难理解"鲜味"这个词是一种基本的味觉。原因之一，正如池田（2002[1909]）的开创性工作所指出的那样，这种品质往往隐藏在其他基本口味之下，而且它在口腔有一个时间过程，经常与口感、满口感、Kokumi、复杂性等重叠。另一个原因是，大多数世界料理，除了经典的日本料理，厨房里没有单一的配料，除了味精（MSG, monosodium glutamate），厨房里的配料非常纯净。相比之下，日本厨房有独特的汤料 Dashi，以及对 Dashi 背后蕴含原理的理解和鉴别（Antony et al., 2014; Mouritsen & Styrbæk, 2014）。即便西方食品都富含鲜味化合物，如成熟和发酵的奶酪、腌火腿、沙丁鱼酱、番茄酱等，但普通食客品尝时很少用到鲜味这个词，这可能也是因为鲜味作为一种表达词汇在大多数非日语环境中还没有被广泛采纳（O'Mahony & Ishii, 1986）。

有趣的是，古老的地中海菜肴在很大程度上取决于鱼露（garum）这种调味品的

使用(Curtis, 2009; Grainger, 2010)，鱼露实际上是一种发酵的鱼酱(Mouritsen 等，2017)，它既提供鲜味又是盐的来源，与亚洲鱼酱的方式大致相同，如经典的日本和越南鱼酱 ishiri 和 nuoc mam tom cha。同样，欧洲和美洲的许多沿海地区有使用各种海藻作为食品和调味剂(Mouritsen, 2013; Mouritsen 等，2019a; Pérez 等，2018)的传统，尽管这与日本几个世纪以来一直使用棕色海藻 konbu(*Saccharina japonica*, *S. longissima*，以及其他几个海带属)作为日式高汤的鲜味之源的程度和方式不同。此外，就像用鲜味来描述高质量的清酒鉴于其富含来源于酵母和酒糟(sake-kasu)的游离氨基酸一样，西方的香槟和其他起泡葡萄酒经常被鉴赏家与鲜味进行关联，因为葡萄酒的酿造过程也伴随着酵母参与。另外一个例子是肉类食品，人们经常说小火慢炖，通过文火慢炖和真空低温加热，鲜味会更多。

尽管列举的西方食物案例当中，某些化学成分可能与鲜味感觉相关，但在大多数情况下，仍需定量证明这些食品实际上含有与鲜味受体结合并向大脑味觉中枢传递真正鲜味感信号的特定化合物。即使是这样，西方语言传统上也未曾使用像鲜味这样的特定术语来描述鱼露、奶酪、番茄和腌制火腿等产品的共同味道。除此之外，由于香气化合物和鲜味感知强度之间可能存在相互作用，使得对鲜味的认识变得更加复杂(Mouritsen 等，2019b)。

在本章中，我们回顾了最近受鲜味问题启发的一些研究成果：在特定的食物中所含的鲜味取决于呈味物质的化学组成；具体来说，所讨论的食品中是否含有大量的游离谷氨酸盐？涉及的大部分研究对象都与海洋来源的食物有关：鱼、海藻和头足类动物。海洋来源食物是鲜味食品的最佳选择之一(Komata, 1990; Mouritsen, 2016; 2017)，原料中游离氨基酸和核苷酸含量都很高(Maga, 1983; Ninomiya, 1998)。

3.2 发酵酱油的鲜味

生产鲜味化合物最有效的技术包括酶、霉菌、细菌和其他微生物的发酵，这些微生物将蛋白质分解成肽和游离氨基酸，将核酸分解成游离核苷酸。发酵产品传统上是大多数饮食文化的重要组成部分(Katz, 2012)，如发酵牛奶(奶酪、酸奶产品)、发酵豆类(酱油、味噌、纳豆、豆豉、腐乳)、发酵葡萄、水果、浆果和谷物(葡萄酒、啤酒、苹果酒、白兰地、面包)、发酵蔬菜(德国泡菜、朝鲜泡菜、日本酱菜)、发酵叶子(茶)、发酵鱼(干鲣鱼、鱼和贝类调味汁、瑞典香肠)和发酵肉类(香肠、腌制火腿)。在大多数情况下，最终产物可能富含谷氨酸，但含有非常少的游离核苷酸，只有在极少数情况下，这个过程才会产生数量可观的两种鲜味化合物。

鱼的发酵是一个特别有趣的例子，在多数情况下，像鱼露这样的产品通常含有大量的谷氨酸，但无论是在鲜鱼(如鲭鱼、凤尾鱼和沙丁鱼)中的游离肌苷酸，还是在发酵过程中形成的游离肌苷酸，都会在鱼死后被分解，形成肌苷或次黄嘌呤，除非采用特殊的制备技术(Gill, 1990; Howgate, 2006)。在生产鲣鱼(*katsuobushi*)和小型沙丁鱼(*niboshi*)时，在捕捞过程和捕捞后以及在随后的生产过程中都采取了措施以保存肌苷酸。另外，鱼可以在捕获后立即煮熟、晾干和腌制(Maga, 1983)，意大利凤尾鱼酱的生产就是这种情况。在这两种情况中，随后的发酵阶段可以生成谷氨酸的蛋白水解酶和分解肌苷酸的酶一起被变性，从而产生几乎不含谷氨酸但肌苷酸含量极佳的产品。

因此，发酵鱼露的鲜味归功于游离的谷氨酸盐。其他富含蛋白质的发酵食品通常也是如此。在最近的一项研究中，我们对一系列发酵酱中的游离谷氨酸含量进行了比较分析，不仅包括实验(图 3.1)和商业鱼酱，还包括发酵鱿鱼、昆虫、野味和豆类酱(Mouritsen 等, 2017)。表 3.1 给出了一些结果数据。在这些样品中，我们没有发现游离核苷酸含量较高的样品。从表中可以看出，谷氨酸的含量变化很大。其中一种用于实验的鱼露(garums)，快速简便的鱼露——并不是真正的鱼露，因为它不是发酵的，而只是整个鲭鱼的烹饪提取物。它是由一种为"忙碌的罗马家庭主妇"制作的快速简便的鱼露的古老配方生产的(Dalby, 2011)。配方包括用盐水煮鱼和内脏，此时是用新鲜的鲭鱼煮大约 2 小时。因此，它的谷氨酸盐含量很低，与鲜鱼中的含量相似。

(a)　　　　　　　　　　　　　　(b)

图 3.1　用盐腌整条新鲜鲭鱼制备鱼露(a)及在 28℃下发酵 3 个月的鲭鱼制成的过滤鱼露(b)
(图片获 Jonas Drotner Mouritsen 授权许可)

表 3.1　部分市售和实验发酵酱油中游离谷氨酸含量(mg/100g)(Mouritsen 等, 2017)

发酵酱油	谷氨酸盐	原产地
Delfino(沙丁鱼)	3792	意大利(Delfino Colatura di Alici di Cetara)
Flor-de-Garum(凤尾鱼)	2161	西班牙(Flor-de-Garum, Cádiz)
红船 40N(凤尾鱼)	650	越南(An N Cuong Co)

续表

发酵酱油	谷氨酸盐	原产地
实验鱼露(鲱鱼)	612	丹麦(Jacob Sørensen)
Ika no Ishiu(鱿鱼内脏)	581	日本(Shinbo-minoru, Ishikawa)
实验鱼露(蚱蜢)	304	丹麦(北欧食品实验室)
实验鱼露(黄豌豆)	218	丹麦(北欧食品实验室)
实验鱼露(野鸡)	183	丹麦(北欧食品实验室)
快速简单的鱼露(鲭鱼)	15	丹麦(STYRBÆKS)

鱼和鱿鱼鱼露的游离谷氨酸含量最高，这可能是因为它们自身的肠道酶具有很高的酶活。用于实验的蚱蜢(grasshopper)、豌豆(peas)和野鸡(pheasant)的酱料都是在添加大麦曲母的条件下发酵的(Mouritsen 等，2017)。由此产生的发酵酱中的谷氨酸含量比海鲜中的要低一些。

发酵酱的呈味特征通过训练有素的品尝人员小组进行定量感官评估，以揭示品尝人员是否可以检测到高水平游离谷氨酸盐作为鲜味的感觉(Mouritsen 等，2017)。感官分析发现，从酱汁的化学特征可以很好地预测感官特性。然而，实际游离谷氨酸浓度与鲜味强度之间的关系并不简单。因此，在像发酵酱汁等这样化学成分复杂的溶液中，可能存在其他的感官影响因素，例如来自香气化合物对鲜味化合物的感知干扰。

3.3　来自海藻的鲜味：Dashi

鲜味最初是由池田菊苗(Kikunae Ikeda)提出的，用来描述日式高汤(Dashi)独特的味道，在 1909 年的论著中，他描述了这种味道是由游离谷氨酸引起的，而且发现该物质大量存在于褐藻昆布 konbu(*Saccharina japonica*)中(Ikeda, 2002[1909])。自此，味精(MSG)，也被称为第三种香料，对鲜味起到了类似氯化钠对咸味的作用。在传统的日式高汤中，会添加纯的昆布提取物(konbu-Dashi)，同时搭配日本干鲣鱼或干香菇的提取物，分别提供游离肌苷酸和游离鸟苷酸，从而提供完整的鲜味协同作用(Zhang 等，2008)。西方或中国最接近日式高汤的是由蔬菜(谷氨酸)和肉类(肌苷酸)制成的普通汤料(Mouritsen and Styrbaek, 2014)。当然，人们很自然地会问这样一个问题：除了昆布以外的其他海藻是否也可以成为制作 Dashi 的成分。

受所谓的新北欧美食趋势的启发，我们对来自北欧水域的各种海藻的鲜味潜力进行了研究(Mouritsen 等，2012)，发现红海藻(*Palmaria palmata*)(图 3.2)(Mouritsen 等，2013)含有丰富的游离谷氨酸，并证明了红海藻提取物可制备一种非常美味和富含鲜味的 Dashi，不仅可以用作汤料，还可以用来丰富其他菜肴的风味，如新鲜奶酪、面包和冰激凌（Mouritsen 等，2012）。我们最近已经将这项研究扩展到对来自世界各地的 20 种不同种类的人类食用褐藻的游离氨基酸含量的主要比较理化分析，包括海囊藻属（*Nereocystis*）、巨藻属（*Macrocystis*）、昆布属（*Laminaria*）、海带属（*Saccharina*）、裙带菜属（*Undaria*）、大裙带菜属（*Alaria*）、海棕榈属（*Postelsia*）、海条藻属（*Himanthalia*）、捣布属（*Ecklonia*）、马尾藻属（*Sargassum*）、墨角藻属（*Fucus*）和科达穗属（*Corda*）等 12 个属（Mouritsen 等，2019b）。

图 3.2 富含游离谷氨酸的适于制备鱼汤的红海藻（*Palmaria palmata*）干叶子（Jonas Drotner Mouritsen 提供的打印许可）

表 3.2 显示了选择的一些褐色（Mouritsen 等，2019b）和红色海藻物种（Mouritsen 等，2012; 2013）的游离谷氨酸含量结果。可以看出，不同物种的含量差异很大。除了物种变化之外，还取决于收获的地点和时间，各个物种也有很大的差异。

表 3.2 几种精选海藻水提取物中游离谷氨酸（mg/100g）的含量（Dashi）

海藻提取物（Dashi）	谷氨酸盐	原产地
真昆布（*Saccharina japonica*）	37[a]	日本 Hokkaido
日高昆布（*Saccharina japonica*）	18[a]	日本 Hokkaido
掌状红皮藻（*Palmaria palmata*）	10[b]	冰岛 Stykkisholmur
真江蓠（*Gracilaria verrucosa*）	6[b]	丹麦 Grenå
留氏海胞藻（*Nereocystis luetkeana*）	3[a]	加拿大 Vancouver Islan
叶片状海藻（*Laminaria digitata*）	1[a]	冰岛 Grindavik
翅藻（*Alaria esculenta*）	1[a]	冰岛 Grindavik
糖海带（*Saccharina latissima*）	1[a]	丹麦 Lillebælt
墨角藻（*Fucus vesiculosus*）	1[a]	丹麦 Lillebælt
裙带菜（*Undaria pinnatifida*）	0[a]	日本 Shimane

所有数据均基于 60℃下提取的 250 克水中 5 克干海藻。

a Mouritsen et al.（2019b）。

b Mouritsen et al.（2012）。

尽管没有详细的数据比较，日本不同品种的 konbu 游离谷氨酸含量是目前为止最高的。其他本地变种没有列出，如利尻昆布和罗臼昆布，位于真昆布和日高昆布之间，但不同的收获地点和供应商有一些差异（Japanese Culinary Academy，2016），这一事实也影响了市场价格。

表 3.2 显示，用与提取 konbu 相同的技术从红色海藻（*Palmaria palmata*）中制备的 Dashi 中的谷氨酸含量与一些质量较低的 konbu-Dashi 中的谷氨酸含量相当。事实上，我们在一项早期的研究中已经发现（Mouritsen 等，2012），使用人工养殖的丹麦红藻制作出的 Dashi 含有高达 40 毫克/100 克含量的谷氨酸。需要注意的是，另一种红色海藻龙须菜（*Gracilaria verrucosa*）与表 3.2 中的其他褐藻相比，含有更多的游离谷氨酸，这表明其他红藻的鲜味潜力可能值得进一步研究。还应该指出的是，与大多数褐藻，特别是海带目的藻类相比，像掌状红皮藻这样的红藻都具有非常低的碘含量（Teas 等，2004; Mouritsen 等，2019b）。因此，从减少人类摄入碘的角度来看，掌状红皮藻可能是 konbu 的一种良好的替代品。

表 3.2 中的数据，以及对世界其他地区一系列相关褐藻的研究结果表明（Mouritsen 等，2019b），它们中没有一种含有足够量的游离谷氨酸，因此它们的鲜味潜力非常低。即使是与 konbu 同属（*Saccharina*）的糖海藻，以及与 konbu 同属于海带目（Laminariales）的舟形藻，也不含太多谷氨酸。对墨角藻属（*Fucus*）的研究结果也是如此。

然而，Dashi 中游离谷氨酸的实际含量与品尝者对鲜味的感知之间并不是简单的关系。这一点如图 3.3 所示，它显示了从感官分析中感觉到的鲜味强度与从不同褐藻制备的 Dashi 中游离谷氨酸含量的函数关系。定量感官评价是基于训练有素的品尝评审小组（Mouritsen 等，2019b）。因此，即使 Dashi 是由释放很少游离谷氨酸的海藻制作而成，品尝者也可能会感觉到它有很强的鲜味。

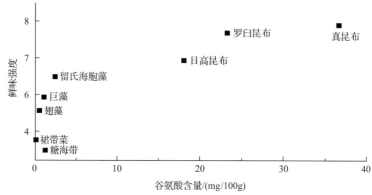

图 3.3　从感官分析中感觉到的鲜味强度（分数在 1～10 之间）与从不同海藻制备的日式高汤中游离谷氨酸含量的函数关系
拉丁文名称见表 3.2。巨藻是巨孢子藻（*Macrocystis pyrifera*）。改编自 Mouritsen 等（2019b）

3.4 头足类动物的鲜味

头足类动物，特别是新头足类动物(鱿鱼、章鱼和墨鱼)，是世界上大多数烹饪和饮食文化中都使用的海洋食物，特别是在沿海地区(Mouritsen & Styrbaek, 2018a)。外膜、手臂和触须、墨液以及部分肠道如肝胰腺和雌性生殖器等都会被使用(图 3.4)。头足类动物可以生吃，也可以通过煮沸、蒸、炸、烤、腌制、熏制、烘干和发酵来食用。头足类动物是蛋白质的良好来源，厨师和美食科学家对以更多样化和更可持续的方式开发海洋来源食物的兴趣日益浓厚，例如替代来自陆地动物和其他渔业的肉类(Faxholm 等，2018)。最近的一项观察显示，全球所有类型的头足类动物的数量都在上升，这便使发展头足类美食的前景进入了全新的角度(Doubleday 等，2016)。

图 3.4 鱿鱼(乌贼)的一部分，其外套膜被切开，露出内部的一部分，包括肝胰脏、鳃和墨水袋(Jonas Drotner Mouritsen 提供的打印许可)

在目前的背景下，揭示不同头足类及其不同部位的鲜味潜力是很有意义的。我们最近开展了一系列关于头足类动物的美食物理学和烹饪学的研究(Mouritsen & Styrbaek, 2018b)，重点关注北欧鱿鱼的质地和味道(Faxholm 等，2018)，尤其是鲜味(图 3.4)。

与其他来自咸水的动物(如石龙鱼、贝类和海藻)一样，头足类动物有许多不同的口感和风味，但它们有共同的鲜味，因为它们的核酸含量高，如 ATP，当动物在正常条件下被处死后，这些核酸可以在适当的条件下被酶解为肌苷酸和腺苷酸等游离核苷酸。游离核苷酸和游离谷氨酸同时存在是非常有效的鲜味协同机制发挥作用的前提条件(Mouritsen & Khandelia, 2012)。鱿鱼腺苷酸含量高，高达184 毫克/100 克(Yamaguchi & Ninomiya, 2000)，大约和扇贝相当，是日晒成熟番茄的 6 倍。

我们最近测定了北欧鱿鱼外膜中游离氨基酸的含量(Faxholm 等，2018)，发现游离谷氨酸含量为 63 毫克/100 克,比报道的日本鱿鱼 20～30 毫克/100 克略高(UIC 2018)。虽然没有具体数据,但后一个值很可能接近日本飞鱿鱼(*Todarodes pacificus*)。与其他类型的肉类相比,北欧鱿鱼的游离谷氨酸含量大大高于牛肉(10 毫克/100 克)和鸡肉(22 毫克/100 克),但低于扇贝(140 毫克/100 克)(Yamaguchi & Ninomiya, 2000)。生鱿鱼中游离谷氨酸的含量相对较高且甜味游离氨基酸如丙氨酸和甘氨酸含量丰富,它应该会有浓郁的鲜味和甜味(Faxholm 等, 2018)。

3.5 鲜味和真空低温烹调肉

通常认为,牛肉和猪肉等肉制品的长时间加工和成熟是释放鲜味化合物的方法(Mouritsen & Styrbaek, 2014)。近年来,使用真空低温烹调技术的长时间低温烹饪在工业制备、烹饪和家庭厨房领域引起了人们的兴趣(Baldwin, 2012)。虽然人们主要关注的是嫩度、多汁度和风味的优化,但也有人提出了对鲜味的可能影响的问题,即游离谷氨酸和核苷酸的释放。就目前研究来看,沿着这些思路对牛肉进行的定量研究很少(Mortensen 等, 2015),更多的研究聚焦在猪肉上,研究发现随着烹饪时间的推移,游离的谷氨酸也逐渐释放(Rotola-Pukkila 等, 2015)。

在最近的一项关于真空低温烹调牛里脊肉的初步研究中(Clausen 等, 2018),测定了不同蒸煮条件下(时间、温度)肉的质地和游离氨基酸含量。为了确定总游离氨基酸含量的可能变化,采用了不同的提取方法对样品(包括肉和汤汁)的总谷氨酸含量进行了测定。谷氨酸的结果数据如图 3.5 所示。而其他温度和提取技术的数据显示缺乏时间依赖性:游离谷氨酸含量并没有随着时间的推移而增加。其他游离氨基酸的数据也显示出类似的结果。因此,真空低温烹调肉的鲜味与生鲜肉相同。

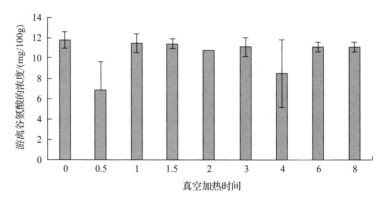

图 3.5 在 54℃真空低温烹调不同时间的牛肉里脊肉中的游离谷氨酸含量。

经允许转载自 Clausen 等(2018)

图 3.5 显示，真空低温烹调牛里脊肉样品典型的游离谷氨酸含量约为 10 毫克/100 克，略低于之前的牛肉测定值，约 30 毫克/100 克(Maga，1983; Ishiwatari 等，2013)。这些差异可能是由于所选择的肉块和所使用的提取方法的不同造成的。

尽管图 3.5 中的研究表明总谷氨酸含量不随时间改变，但当水溶性谷氨酸从烹饪肉中渗出时，释放的汁液中的游离谷氨酸含量很可能会随时间而增加，就像在文献报道猪肉的情况类似(Rotola-Pukkila 等，2015)。此外，结果不排除真空低温烹调可以改变肉的整体风味，真空低温烹调技术实际上可以使牛肉更美味多汁。在整个风味特征中，其他味道化合物、脂肪和芳香物质可能起着重要作用(Baldwin，2012)，但是纯从谷氨酸的角度来看，真空低温烹制牛肉中的鲜味没有增加。

3.6　鲜味和 Kokumi

Ueda 等(1990)在 1990 年对大蒜水提取物中的风味成分进行了研究。观察到，虽然这种提取物本身几乎没有味道，但它通过赋予整体味觉体验的"连续性、满口感和浓厚感"，即使含量很少也增强了其他风味的特征。它增加了所谓的 Koku 味，并通过独特的协调口感提高食物的适口性(Kuroda 等，2004)。由于经典的四种基本味觉都不能引起相同的效果，而且由于当大蒜提取物添加到鲜味溶液中时也增加了 Koku。Ueda 等(1990)建议用 Kokumi 这个词来描述这种特殊的味觉。Kokumi 物质本身没有味道，但它们影响基本的味道，例如，增强咸味、甜味和鲜味，而它们抑制苦味。对酸味的影响尚不清楚。随后研究表明，某些三肽，如谷胱甘肽(γ-Glu-Cys-Gly)，与 Kokumi 的风味有关(Ueda 等 1990)。现在已经知道，这种感觉的生理机制是由味蕾中特殊的钙敏感受体介导的(Maruyama 等，2012)。然而，对 Kokumi 感觉(即由 Kokumi 物质引起的感觉)背后的机制仍然知之甚少(Nishimura & Egusa，2016)。

尽管大多数西方人很难辨别和描述鲜味与 Kokumi 两者之间的区别，但两者之间似乎有一种特殊的相互作用。此外，许多类型的食品，特别是发酵食品，都含有大量的鲜味化合物，如游离谷氨酸和核苷酸，以及 Kokumi 物质。上述发酵鱼露是一个例外情况(Kuroda 等，2012a; Miyamura 等，2016)。生扇贝和加工扇贝产品中也富含谷胱甘肽(Kuroda 等，2012b)，酱油(Kuroda 等，2013)和发酵虾(Miyamura 等，2014)等产品分别富含游离腺苷酸、游离谷氨酸和游离肌苷酸。

3.7　公众宣传和外展

本章是丹麦国家味觉研究和交流中心"Smag for Livet"活动的一部分内容

（Taste for Life, www.smagforlivet.dk）。研究结果通过一些不同的途径传播，包括撰写科普文章和书籍，科学评论，通过动手讲习班与厨师和渔民交流，以及为小学和高中孩子制作教材和课程。

致谢　本章研究内容得到了 Nordea-fonden 公司针对"Smag for Livet"活动的资助。

参 考 文 献

Antony M, Blumenthal H, Bourdas A, Kinch D, Martinez V et al（2014）Umami: the fifth taste. Japan Publishing Trading Co, Tokyo

Baldwin D E（2012）Sous vide cooking: a review. Int J Gastron Food Sci 1: 15-30

Clausen M P，Christensen M, Djurhuus T H, Duelund L, Mouritsen O G（2018）The quest for umami: can sous vide contribute? Int J Gastron Food Sci 13: 129-133

Curtis R I（2009）Umami and the foods of classic antiquity. Am J Clin Nutr 90: 712S-718S

Dalby A（2011）Geoponika. Prospect Books, Totnes

Doubleday Z A, Prowse T A A, Arkhipkin A, Pierce G J, Semmens J, Steer M, Leporati S C, Lourenço S, Quetglas A, Sauer W, Gillanders B M（2016）Global proliferation of cephalopods. Curr Biol 26: R406-R407

Faxholm P L, Schmidt C V，Brønnum L B, Sun Y-T, Clausen M P（2018）Squids of the North: gastronomy and gastrophysics of Danish squid. Int J Gastron Food Sci 14: 66-76

Gill T A（1990）Objective analysis of seafood quality. Food Rev Int 6: 681-714

Grainger S（2010）Roman fish sauce. An experiment in archaeology. In: Procs of the Oxford symposium on Food and Cookery. Prospect Books, Devon, pp 121-131

Howgate P（2006）A review of the kinetics of degradation of inosine monophosphate in some species of fish during chilled storage. Int J Food Sci Technol 41: 341-353

Ikeda I（2002）New seasonings. Chem Senses 27: 847-849. [Translation from the original article in J. Chem. Soc. Jpn. 30: 820-836（1909）]

Ishiwatari N, Fukuoka M, Hamada-Sato N, Sakai N（2013）Decomposition kinetics of umami component during meat cooking. J Food Eng 119: 324-331

Japanese Culinary Academy（2016）Flavor and seasonings: dashi, umami, and fermented foods. Shuhari Initiative Ltd, Tokyo

Katz S E（2012）The art of fermentation. Chelsea Green Publishing, Vermont

Komata Y（1990）Umami taste of seafoods. Food Rev Int 6: 457-487

Kuroda M, Kato Y, Y amazaki J, Kai Y, Mizukoshi T, Miyano M, Eto Y（2012a）Determination and quantification of γ-glutamyl-valyl-glycine in commercial fish sauces. Agric Food Chem 60: 7291-7296

Kuroda M, Kato Y, Yamazaki J, Eto Y（2013）Determination and quantification of the Kokumi peptide, γ-glutamyl-valyl-glycine, in commercial soy sauces. Food Chem 141: 823-828

Kuroda M, Kato Y, Yamazaki J, Kageyama N, Mizukoshi T, Miyano H, Eto Y（2012b）Determination of γ-glutamyl-valyl-glycine in raw scallop and processed scallop products using high pressure liquid chromatography-tandem mass spectrometry. Food Chem 134: 1640-1644

Kuroda M, Y amanaka T, Miyamura N(2004)Change in taste and flavour of food during aging with heating process. Generation of "KOKUMI" flavour during the heating of beef soup and beef extract. Jpn J Taste Smell Res 11: 175-180

Maga J A(1983)Flavor potentiators. CRC Crit Rev Food Sci Nutr 18: 231-312

Maruyama Y, Yasuda R, Kuroda M, Eto Y(2012)Kokumi substances, enhancers of basic tastes, induce responses in calcium-sensing receptor expressing taste cells. PLoS One 7: e34489

Miyamura N, Kuroda M, Kato Y, Eto Y(2014)Determination and quantification of a Kokumi peptide, 7-glutamyl-valyl-glycine, in fermented shrimp paste condiments. Food Sci Technol Res 20: 699-703

Miyamura N, Kuroda M, Kato Y, Yamazaki J, Mizukoshi T, Miyano H(2016)Quantitative analysis of γ-glutamyl-valyl-glycine in fish sauces fermented with koji by LC/MS/MS. Chromatography 37: 39-42

Mortensen L M, Frøst M B, Skibsted L H, Risbo J(2015)Long-time low-temperature cooking of beef: three dominant time-temperature behaviours of sensory properties. Flavour 4: 2

Mouritsen O G(2013)Seaweeds. Edible, available & sustainable. Chicago University Press, Chicago

Mouritsen O G(2016)Deliciousness of food and a proper balance in fatty-acid composition as means to improve human health and regulate food intake. Flavour 5(1): 1-13

Mouritsen O G(2017)Those taste weeds. J Appl Phycol 29: 2159-2164

Mouritsen O G, Calleja G, Duelund L, Frøst M B(2017)Flavour of fermented fish, insect, game, and pea sauces: garum revisited. Int J Gastron Food Sci 9: 16-28

Mouritsen O G, Dawczynski C, Duelund L, Jahreis G, Vetter W, Schroder M(2013)On the human consumption of the red seaweed dulse (Palmaria palmata(L.) Weber & Mohr). J Appl Phycol 25: 1777-1791

Mouritsen O G, Duelund L, Petersen M A, Hartmann A L, Frøst M B(2019b)Umami potential of brown seaweeds. J Appl Phycol. 31: 1213-1232

Mouritsen O G, Khandelia H(2012)Molecular mechanism of the allosteric enhancement of the umami taste sensation. FEBS J 279: 3112-3120

Mouritsen O G, Pérez-Lloréns J L, Rhatigan P(2019a)The rise of seaweed gastronomy: phycogastronomy. Bot Mar. 62: 195-209

Mouritsen O G, Styrbæk K(2014)Umami: unlocking the secrets of the fifth taste. Columbia University Press, New York

Mouritsen O G, Styrbæk K(2018a)Cephalopod gastronomy-a promise for the future. Front Comm Sci Environ Comm 3: 38

Mouritsen O G, Styrbæk K(2018b)Blæksprutterne kommer-spis dem! Gyldendal, Copenhagen

Mouritsen O G, Williams L, Bjerregaard R, Duelund L(2012)Seaweeds for umami flavor in the New Nordic Cuisine. Flavour 1: 4

Ninomiya K(1998)Natural occurrence. Food Rev Int 14: 177-211

Nishimura T, Egusa A(2016)"Koku" involved in food palatability: an overview of pioneering work and outstanding questions. Kagaku to Seibutsu 54: 102-108

O'Mahony M, Ishii R(1986)A comparison of English and Japanese taste languages: taste descriptive methodology, codability and the umami taste. Br J Psychol 77: 161-174

Pérez-Lloréns J L, Hernández I, Vergara J J, Brun F G, León À(2018)Those curious and delicious seaweeds. A fascinating voyage from biology to gastronomy. Servicio de Publicaciones de la Universidad de Cádiz, Cádiz

Rotola-Pukkil M K, Pihlajaviita S T, Mika T, Kaimainen M T, Hopia AI(2015)Concentration of umami compounds in pork meat and cooking juice with different cooking times and temperatures. J Food Sci 80: C2711-C2716

Teas J, Pino S, Critchley A, Braverman L E (2004) V ariability of iodine content in common commercially available edible seaweeds. Thyroid 14: 836-841

Ueda Y, Sakaguchi M, Hirayama K, Miyajima R, Kimizuka A (1990) Characteristic flavour constituents in water extract of garlic. Agric Biol Chem 54: 163-169

UIC (2018) Umami Information Center, Tokyo. https://www.umamiinfo.com/richfood/foodstuff/seafood.php#ANCHOR08

Yamaguchi S, Ninomiya K (2000) Umami and food palatability. Am Soc Nutr Sci 130: 921S-926S

Zhang F B, Klebansky B, Fine R M, Xu H, Pronin A, Liu H, Tachdjian C, Li X (2008) Molecular mechanism for the umami taste synergism. Proc Natl Acad Sci U S A 105: 20930-20934

Ole G. Mouritsen 博士，哥本哈根大学从事生物物理学、美食物理学和烹饪食品创新研究的教授。他是丹麦国家味觉中心"Smag For Livet"主任，丹麦美食学院院长，并担任日本料理亲善大使。他的研究领域包括计算统计物理学、膜生物物理学和烹饪科学，特别是美食物理学。目前研究兴趣包括探索大型藻类和头足类动物在美食学中的应用，特别是在鲜味和质地/口感研究领域，以及如何利用这些食材来制作美味菜肴。

第 4 章　猪肉香肠 Koku 味相关的鲜味化合物和脂肪

Toshihiele Nishimura, Ai Egusa Saiga

摘要　本研究旨在探讨鲜味化合物和脂肪在"Koku 味"中的作用，并确定猪肉香肠特征香味的香气化合物。

感官分析表明，在香肠混合物中加入鲜味化合物可增强鼻后香气的强度、风味的复杂性、味觉的持久性和鲜味。感官分析还表明，向香肠混合物中添加脂肪可增强猪肉香肠风味的满口感和绵延感，并增强鲜味的强度。该结果表明脂肪通过保持风味的持久性以达到增强"Koku 味"的效果。对包含不同脂肪含量的猪肉香肠释放出的香气化合物的 GC/MS 分析表明，在所有这些香肠中均鉴定出了 β-蒎烯、3-蒈烯、D-柠檬烯、辛醛、壬醛、石竹烯和甲基丁香酚。通过向香肠中添加脂肪，会使从香肠中释放的这些香气化合物的量显著减少，这表明脂肪能够将香气化合物保持在香肠中。从这些结果可以看出，添加脂肪可以增强香肠"Koku 味"中香气感的持久作用。

关键词　鲜味化合物、脂肪、Koku 味、香肠、香气化合物

4.1　引　　言

味道、香气、质地(嫩度、黏度、平滑性或多汁性)、颜色、温度和形状等因素与食品适口性有关。在众多因素中，一般来说，味觉是由易溶于水的食物中的呈味化合物引起的。香气是由香气化合物引起的，而香气化合物是食物中释放的挥发性化合物。香气分为鼻前香和鼻后香，鼻后香是在食物进入我们的口腔后感觉到的。这种鼻后香气被认为是影响食物适口性的最重要因素。在我们的感觉中，味觉和鼻后嗅觉之间也存在着相互作用。

最近，我们提出食品中的 Koku 味是与其适口性相关的客观因素之一，而复杂性，满口感和绵延感的总体感觉是由诸如味道、香气和质地等因素引起的。通常，长时间加热、调理或发酵的食物(例如咖喱、炖菜、拉面、天然奶酪)赋予了Koku 味，例如复杂性、满口感和绵延感。在"Koku 味"中存在客观的强度，如复杂性、满口感和绵延感的等级，其强度取决于呈味化合物、呈香化合物和质地化合物的刺激量。产生"Koku 味"的化合物和合适的 Koku 味觉强度因食物不同

而不同。从现在开始，需要对每种食物中的味觉所涉及的这些化合物和强度进行研究。

咖喱和炖菜等食品的满口感通过口腔中风味物质的扩散来感知。风味的这种扩散被认为是由鲜味化合物引起的。没有调味品的味噌汤(50g/L)在口腔内表现出很弱的满口感，但是它具有味噌汤特有的风味和复杂性。在味噌汤中添加鲜味化合物可以增加我们口腔中味道的感受强度。Yamaguchi 等研究报道，鲜味化合物添加到食品中后具有增强食品风味的作用(Yamaguchi & Kimizuka, 1979)。最近，Nishimura 等人通过在食品中添加鲜味化合物，研究了增味剂的作用机理。使用鸡肉提取物模型进行的分析表明，向提取物中添加谷氨酸钠可使鼻后香气的感受比不添加时高 2.5 倍(Nishimura 等，2016a)。当所添加的 MSG 的浓度增加至 0.3% 时，该效果变得更高。添加超过 0.3% 的味精使提取物的鼻后香气减弱，而鲜味的强度增强。因此，鲜味化合物通过增强风味，特别是鼻后香气，对增强 Koku 味的满口感具有强烈的影响。

当鲜味化合物放入我们的口腔时，舌头的触觉刺激持续了很长时间。尽管含硫化合物或 Kokumi 肽也显示出绵延感，但几乎没有证据表明只有这些化合物具有与鲜味化合物相同的作用。

Koku 味的另一个持久性是由脂肪保持了香气化合物的活性引起的。猪骨汤中的拉面和日本黑牛的大理石牛肉都是美味佳肴，因为这些食物中含有脂质或脂肪。尽管纯的脂质或脂肪没有味道和香气，但是当我们将煮熟的脂质或脂肪放入口腔时，我们可以感觉到复杂的味道和香气。Nishimura 等(2016b)对此解释说，这种现象是由于脂类和脂肪非特异性结合味道和香气化合物引起的。他们发现经过热处理的洋葱浓缩物(HOC)的沉淀物与香气化合物相互作用，从而增强了香气的持久性，包括作为清汤 Koku 味的香气滞留。沉淀物中的关键化合物是植物甾醇，即 β-谷甾醇和豆甾醇。据我们所知，这是第一项表明植物甾醇可以与食品中的香气化合物相互作用的研究。食品中的脂质或脂肪会影响食品中 Koku 味的复杂性和持久性。众所周知，脂质的存在会影响食品中香气化合物的持久性，食物中的香气化合物通过疏水作用部分结合脂质或脂肪。

猪肉香肠非常受欢迎，被认为是美味的食物之一。但是，尚不清楚其美味所涉及的因素。猪肉香肠是由猪肉末通过添加脂肪、增稠剂和一些调味料制成的。特别是在香肠混合物中添加鲜味化合物和脂肪可改善猪肉香肠的适口性。很少有报道研究添加这些化合物对香肠质量的影响。最近，鲜味化合物和脂肪也被发现与 Koku 味有关。

因此，进行这项研究是为了阐明鲜味化合物和脂肪在"Koku 味"感官中的作用，并确定导致猪肉香肠特征香气的香气化合物。

4.2　材料和方法

4.2.1　样品的制备

为了解关于鲜味化合物影响的实验准备了添加常规量、常规量的 50%、常规量的 10%以及不添加鲜味化合物的香肠。在关于脂肪效应的实验中，制备了添加常规脂肪量、50%常规脂肪量和不添加脂肪的香肠。这些香肠在 90℃的热水中加热，直至香肠中心的温度达到 50℃。

4.2.2　感官评估

1.　鲜味化合物的添加对香肠品质的影响

为了检验在香肠中添加鲜味化合物的效果，对以下 7 个风味属性进行了感官评估，分别为鲜味强度、味道的持久性、风味的复杂性、风味的满口度、鼻后香强度、香气的满口度、香气的回味性。以添加常规量鲜味化合物的香肠为标准进行评价。与标准相比，评估其中添加鲜味化合物含量为常规量 50%，添加鲜味化合物含量为常规量 10%以及不添加鲜味化合物香肠的情况。受过训练的小组成员在 25℃的室温下进行了感官评估。提供了四种不同类型的香肠，对每条香肠进行了评估。还提供了蒸馏水来清洁口腔。为了分析感官评估的结果，采用两因素方差分析和 Turkey 检验。

2.　脂肪的添加对香肠品质的影响

为了检验添加脂肪对香肠的影响，对以下 5 个属性进行了感官评价。五项分别为香辣强度、鲜味强度、咸味强度、风味的满口度、风味的持久性。用–3 分(很弱)到 3 分(很强)来评估每个样品的属性。15 名小组成员在室温为 25℃下进行感官评估。将一根香肠切成两块，然后，将含有不同脂肪数量的碎块提供给小组成员，并根据这 5 个属性进行评估。小组成员评估咀嚼 10 次后的风味强度，并评估咀嚼 10 次并吞咽后余味的强度。在评估鲜味味道或咸味的强度时，小组成员捂住鼻子对它们进行评估。并提供温热的矿泉水来清洁味蕾。为了分析感官评价的结果，采用两因素方差分析和 Turkey 检验。

3.　小组成员

15 名小组成员至少接受 2 个月的感官评估培训，采用对 5 种基本味溶液的差别检验以及不同香气强度的香气标准进行了区别测试。

4. 香气化合物的分析

(1)用二乙醚从香肠中提取香气化合物

将 20mL 二乙醚加入 5g 碎香肠中，在 2℃下提取香气化合物持续 16h。

(2)顶空(HS)捕获香肠释放的香气化合物

将 5 克切碎的香肠放入 40mL 小瓶试管中，然后将 Mono Trap(GL-Science，日本东京)放入小瓶中。将该小瓶放入室中并在 60℃下加热 2h。从香肠中释放的香气化合物通过 Mono Trap(一种新型的混合吸附剂)收集在香肠的顶部空间(HS)中。用 200μL 的二乙醚从 Mono Trap 中提取香气化合物，超声作用 5min。

(3)GC/MS

采用 GC/MS 对用二乙醚或 HS 从每根香肠中收集的香气化合物进行分析。仪器及程序如下：GC[Agilent7890A GC 系统(Agilent Technologies，USA)]配备了一个直径为 0.25mm，长 30m 的 CP-Wax52 CB 柱，Agilent7693 自动进样器和 Agilent Technologies 5975C 惰性 MSD 与 Triple-Axis 探测器。初始烘箱温度为 40℃，持续 5min，然后以 10℃/min 升温到 240℃。

(4)GC-O

采用 GC/O 分析通过 HS 从每根香肠中收集的特征性香气化合物，并通过 AEDA(香气提取物稀释分析)鉴定有助于香肠风味的香气化合物。在配备 0.25mm 内径和 30m 长的 TC-Wax 毛细管柱(GL Sciences Inc., 日本东京)的 GC-2014 (Shimadzu Co., 日本京都)上进行 GC，FID 在 260℃下进行。初始烘箱温度为 40℃，持续 4min；然后以 6℃/min 升温到 240℃。

4.3　结果与讨论

4.3.1　鲜味化合物含量对猪肉香肠感官特性的影响

我们通过感官评估包含不同鲜味化合物含量的香肠的 7 个风味特征，例如鼻后香强度、鲜味强度、味道的持久性、风味的复杂性、风味的满口度、香气的满口度和香气的持久性。

在香肠中添加鲜味化合物会增加风味的复杂性、风味的持久性和鼻后香强度(图 4.1)。尽管模型鸡汤中已经显示：添加鲜味化合物可以增强其鼻后香强度，但首次报道在香肠中添加鲜味化合物可增强风味的复杂性、风味的持久性和鼻后香强度。

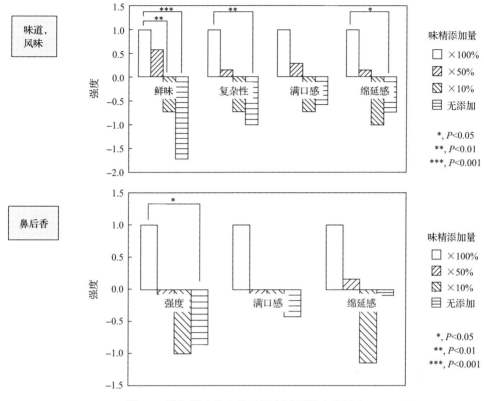

图 4.1 添加鲜味化合物对提高香肠风味的影响

Yamaguchi 等报道，鲜味化合物添加到食品中后具有增味作用（Yamaguchi & Kimizuka，1979）。最近，Nishimura 等人发现，在模型鸡汤中添加 MSG 可增强鼻后香强度，且比不添加时高 2.5 倍（Nishimura 等，2016a）。因此，通过鲜味化合物的增效作用在不改变其风味特性的情况下，会使含有鲜味化合物食品的风味满口度增强。

4.3.2 脂肪含量对猪肉香肠感官特性的影响

通过对香辣强度、鲜味强度、咸味强度、风味的满口度以及风味的持久性五个指标的感官评价，考察了三种不同脂肪含量对猪肉香肠感官特性的影响。

感官分析表明，添加脂肪可以增强猪肉香肠的满口感和风味的持久性以及鲜味强度（图 4.2）。该结果表明，脂肪的添加通过绵延的香气感增强了"Koku 味"。在我们以前的报告中，已证明植物甾醇（例如 β-谷甾醇和豆甾醇）可以保留香气化合物，并增强清汤中 Koku 味的持久性。在这项研究中，脂肪增强了 Koku 味中风味的持久性。要解决的下一个问题是弄清哪种脂肪对 Koku 味的影响最大。另外，在猪肉香肠中添加脂肪对增强香辣强度没有影响。

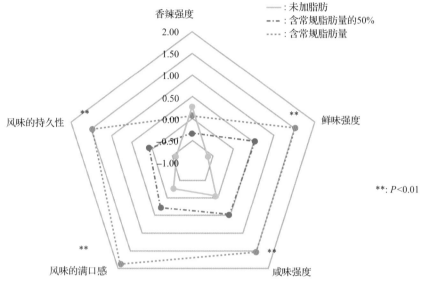

图 4.2　不同脂肪含量的三种猪肉香肠的感官品质差异

4.3.3　分析和鉴定非熏制香肠中的香气化合物

从猪肉香肠中提取香气化合物的 GC/MS 分析表明,共鉴定出了 13 种化合物,分别为 β-蒎烯、3-蒈烯、D-柠檬烯、乙酸、胡椒烯、石竹烯、甲基丁香酚、6-十八碳烯酸、2-辛基-环丙酸、油酸、顺-十八碳烯酸、2-甲氧基-3-(2-丙烯基)-苯酚和 (E)-9-十八碳烯酸。这些化合物似乎来自生产过程中添加到香肠中的香料。

接下来,使用 GC/O 进行 AEDA 分析,从 13 种香气化合物中确定非熏制香肠的特征香气化合物。即使在稀释 2048 倍的样品中也检测到了 β-蒎烯、3-蒈烯、D-柠檬烯、乙酸、胡椒烯和甲基丁香酚的香气,这 6 种化合物似乎与非熏制猪肉香肠的特征风味有关(图 4.3 和表 4.1)。

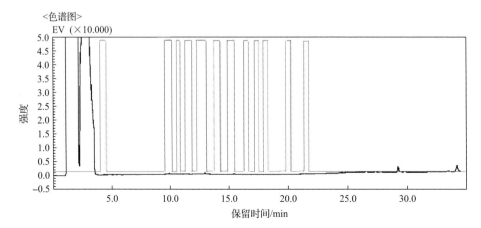

<AEDA香气谱(香气提取物稀释分析)>

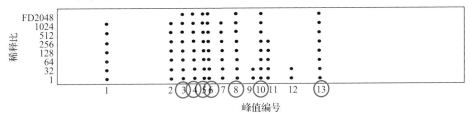

图 4.3 GC/O 分析中的色谱图和香气谱

表 4.1 非熏制香肠中的候选香气化合物

峰值编号	香气特征	后选化合物
3	蘑菇、木材、豆类	β-蒎烯
4	蛋汤、青香	3-蒈烯
5	酸、青香	D-柠檬烯
6	酸、醋	乙酸
8	灰尘、橡胶	未检出
10	黄瓜、青香	胡椒烯
13	香料、咖喱、草本药用植物	甲基丁香酚

4.3.4 脂肪含量对释放的香气化合物含量的影响

从不同脂肪含量的猪肉香肠中释放到 HS 中的香气化合物，GC/MS 分析共鉴定出了 7 种香气化合物，分别是 β-蒎烯、3-蒈烯、D-柠檬烯、辛醛、壬醛、石竹烯和甲基丁香酚(图 4.4)。通过向香肠中添加脂肪，会使从香肠中释放的这些香

未添加脂肪

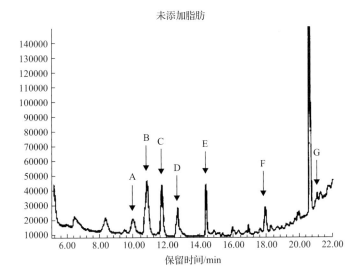

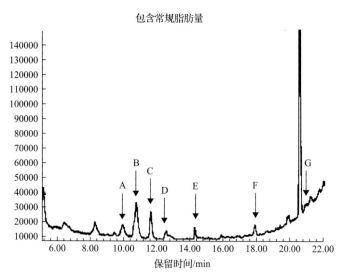

图 4.4　非熏制猪肉中释放的香气化合物的气相色谱图

[化合物]A：β-蒎烯；B：3-蒈烯；C：D-柠檬烯；D：辛醛；E：壬醛；F：石竹烯；G：甲基丁香酚

气化合物的量减少，这表明脂肪能够在香肠中保留香气化合物。但是，这些与脂肪结合的香气化合物在将香肠放入口腔并咀嚼后似乎逐渐消失(图 4.5)。从这些结果可以看出，添加脂肪可以增强香肠"Koku 味"中香气感的持久作用。咀嚼含脂肪的香肠释放的香气化合物似乎比不添加脂肪的香肠中释放的香气化合物更多(图 4.6)。

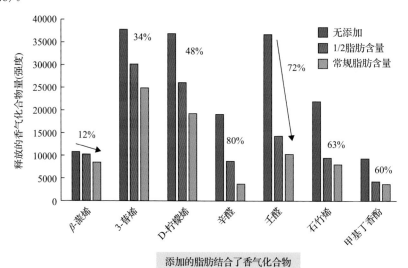

图 4.5　脂肪含量对释放的香气化合物的影响

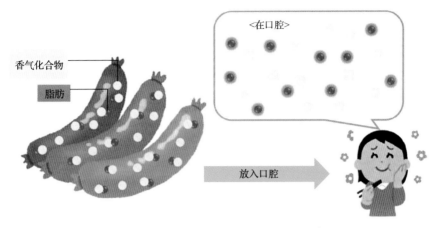

图 4.6　含脂肪香肠大量释放香气化合物的机理

参 考 文 献

Nishimura T, Egusa A S, Nagao A, Odahara T, Sugise T, Mizoguchi N, Nosho Y(2016b)Phytosterols in onion contribute to a sensation of lingering of aroma, a koku attribute. Food Chem 192: 724-728

Nishimura T, Goto S, Miura K, Takakura Y, Egusa A S, Wakabayashi H(2016a)Umami compounds enhance the intensity of retronasal sensation of aromas from model chicken soups. Food Chem 196: 577-583

Yamaguchi S, Kimizuka A(1979)Psychometric studies on the taste of monosodium glutamate. In: Filer L J Jr et al（eds）Glutamic acid: advances biochemistry and physiology. Raven Press, New York, pp 35-54

第 5 章 构成啤酒浓香的香气成分

摘要 这项研究使用 76 种香气活性成分，通过构建香气模拟模型，研究了香气成分如何对比尔森(Pilsner-type)啤酒的整体香气做出贡献。在本研究中，我们对影响啤酒浓香的成分进行了研究，这些成分被认为是产生 Koku 的原因。

采用气相色谱-嗅觉测定(GC-O)对比尔森啤酒中提取的香气成分进行了分析。在 GC-O 分析后鉴定的 76 种成分浓度均已准确定量。然后以乙醇和水为基质，将香气成分用于以下香气模拟实验。

在研究第一阶段，首先选择在 GC-O 分析中具有较高气味强度和气味活性值(OAVs)的香气成分，然后将选定的 25 种成分用于香气模拟实验。感官分析结果表明，与比尔森啤酒对照相比，使用 25 种香气成分的模拟模型表现出不平衡的特性，并且缺乏浓厚度(香气总量)、麦芽/谷物香气和酯类特征香气。

后续实验中，通过对整个啤酒香气进行分级分离，分析了与啤酒浓香有关以及构成麦芽香气的麦芽/谷物特性的成分。共有 24 种香气成分被认为能补充麦芽/谷物香气和浓厚度的特性。而添加 24 种香气成分并不能改善模拟模型的香气质量。最终，实验将其余 27 种无独立贡献、不让人联想到啤酒香气的微弱香气成分添加到重组模型中。这些成分的加入大大改善了重组模型的风味质量。

使用 76 种香气成分进行的香气模拟实验表明，多种貌似无关紧要的香气的协同作用(对整体香气特性没有独立贡献)是构建啤酒香气框架结构和浓厚度所必需的。

关键词 啤酒香气、浓厚度、气相色谱-嗅觉法、GC-O、香气模拟、OAV、阈值、Koku

5.1 引　　言

"Koku"是讨论啤酒口味必不可少的特征。在啤酒的市场调查中，"Koku"和"kire"(脆度)是评估啤酒口味的必然属性，并且适口性通过使用"Koku"和"kire"的多元回归模型表达(Kaneda 等, 2002)。

在国外与啤酒有关的学术团体中，"Koku"被表示为"酒体"，并被定义为风味和口感的饱满感(Sensory analysis, 1992)。Kuko，或酒体，可能是由啤酒中的基本味道、香气、触感和质感刺激的综合作用形成的(Kaneda 等, 2002)。在过去的啤酒口味研究中，虽然没有研究香气对啤酒"Koku"的贡献，但对苦味、涩味成分、糊精和低分子量多肽的贡献进行了阐述。

本研究中使用 76 种香气活性成分，通过构建香气模拟模型，研究了香气成分如何对比尔森啤酒的整体香气做出贡献。本研究中，对影响啤酒浓厚感的成分即形成"Koku"的成分进行了探索。

许多研究已经通过气相色谱-嗅觉法(GC-O)分析(Mayol & Acree, 2001; Blank, 2002)和评估其气味活性值(OAV)，即成分浓度与其气味阈值的比率，揭示了对啤酒香气有贡献的气味物质(Schieberle, 1995; Grosch, 2001)。当讨论食物的风味特征时，各成分的贡献是非常复杂的，甚至有亚阈值成分贡献的报道。如 Kurobayashi 等(2008)研究了芹菜中亚阈值水平的挥发性成分的风味增强作用。在该研究中，样品是通过在鸡汤中加入芹菜的成分来制备，添加浓度低至芹菜的独特气味无法被检测到。他们发现，芹菜中的挥发性化合物比非挥发性化合物更能增强鸡汤的复杂风味，包括"Koku"。感官评估的结果表明，洋川芎内酯(sedanenolide)、3-正丁基苯酞(3-*n*-butylphthalide)和瑟丹酸内酯(sedanolide)有助于鸡汤的复杂风味，而洋川芎内酯效果最明显。在 Miyazawa 等(2008)的研究中，他们在感官差异测试中使用了包含枫叶内酯(maple lactone)和羧酸类(carboxylic acids)的混合物以量化相互作用，其中通过空气稀释嗅觉测定法控制刺激。研究发现，添加亚阈值浓度的羧酸会增加差异测试中鉴定的统计概率，并且发现在混合物中处于阈下浓度时，香气成分之间会产生正相互作用(协同效应)。

在当前的研究中(Kishimoto 等, 2018)，通过使用与参照啤酒相同的气味浓度进行了比尔森啤酒的香气模拟实验。需要指出的是，实验测试了香气物质的贡献，而没有考虑对整体香气特征的独立贡献。

5.2　结果与讨论

分析方法、化学物质的详细信息等参照已发表文献(Kishimoto 等, 2018)。新鲜的比尔森商业啤酒作为参照啤酒，它产自日本朝日啤酒有限公司(日本茨城县)的茨城工厂，酒精含量为 5.2%(*V/V*)，苦味度(European Brewery Convention, 2010)为 20.0 B.U.。在该研究中，一直采用新鲜商业比尔森啤酒作为参照。

5.2.1　用于 GC-O 分析的提取物制备

气味物质采用 CH_2Cl_2 进行萃取并通过 SAFE 设备蒸馏获得，以防止 GC-O 入口处非挥发性化合物形成新化合物而造成干扰(Cabrita 等, 2012)。气味提取物用 Kuderna-Danish 蒸发浓缩器浓缩，以减少高挥发性气味物质的损失。经检验，萃取物 P 的浓缩物恢复了啤酒原有的香气特征。本研究的 GC-O 分析采用

CharmAnalysis™ 系统，气体流速为 20L/min(Acree & Barnard, 1996)；在 CharmAnalysis™系统，香气不会停留在嗅出端口，并且香气成分之间的边界被清楚地限定。然后将香气强度进行积分得出 Charm 值(Acree, 1993)。

5.2.2 气味物质的鉴定和定量

GC-O 分析参照啤酒的整体香气提取物(提取物 P)时，检测到 65 种气味活性化合物，通过将它们的气味质量、RI 和质谱与标准品进行比较，在 DB-WAX 色谱柱中鉴定出 56 种气味物质。在接下来的实验中，为了检验有助于麦芽/谷物特征的气味物质，对全香味提取物(提取物 Q)进行了分级。提取物 Q 的所有成分的 GC-O 分析检测到 87 种有气味活性的化合物，鉴定出 66 种化合物。在分析提取物 P 和提取物 Q 的全部成分后，总共鉴定出 76 种气味活性成分。

在 76 种成分中，有 10 种成分：3-甲基丁醛、己醛、甲硫基丙醛、(E)-2-壬醛、(E,Z)-2,6-壬二烯醛、苯乙醛、(E,E)-2,4-癸二烯醛、β-紫罗兰酮、反式 4,5,-环氧-(E)-2-癸烯、2-氨基苯乙酮，仅在提取物 P 中鉴定出。20 种成分：2-甲基丁醛、丙酸乙酯、2,3-丁二酮、2,3-戊二酮、2-甲基-1-丙醇、4-甲基戊酸乙酯、二甲基三硫醚、2-硫烷基乙酸乙酯、糠醛、(E,E)-2,4-庚二烯醛、苯甲醛、苄硫醇、3-硫烷基-3-甲基-1-丁醇、γ-己内酯、香茅醇、(E,E)-2,4-癸二烯醛、甲基环戊烯醇酮、γ-辛内酯、肉桂酸乙酯、枫呋喃酮，仅在提取物 Q 的整个成分中鉴定出。

研究通过多种分析方法，包括使用 GC/MS 系统或 GC 三重四极杆 MS 系统的 SIDA 方法，定量了 76 种已鉴定香气成分的准确浓度。GC/MS 系统没有用于 4-乙烯基愈创木酚、4-乙烯基苯酚和香兰素的定量分析，因为这些香气成分被认为是由高温过程中 GC 进样口某些酸反应合成而得的(Fiddler 等, 1967; Arrieta-Baez 等, 2012)，实际上已证实这些化合物在进入 GC 后增加了(数据未显示)。76 种香气化合物的浓度见表 5.1。

表 5.1　用于构建比尔森啤酒的香气重组体的 76 种气味活性化合物(Kishimoto 等, 2018)

组别	香气描述	化合物	CAS 号	浓度 /(μg/L)	啤酒中的差别 阈值/(μg/L)	对整体香气 的独立贡献	DB-WAX柱 下的 RI 值
A	菠萝味	乙酸乙酯	141-78-6	15300	21000	−	891
A	土豆味、杏仁味	3-甲基丁醇	590-86-3	4.9	9.6	−	915
A	香蕉味	乙酸异戊酯	123-92-2	1230	724	+	1111
A	杂醇味	3-甲基-1-丁醇	123-51-3	59600	16800	+	1215
A	甜味、果味	己酸乙酯	123-66-0	119.2	163	−	1235
A	坚果味、蘑菇味	1-辛烯-3-酮	4312-99-6	0.0066	0.0026	+	1296
A	坚果味、硫胺素味	2-甲基-3-巯基呋喃	28588-74-1	0.075	0.19	−	1317

续表

组别	香气描述	化合物	CAS 号	浓度/(μg/L)	啤酒中的差别阈值/(μg/L)	对整体香气的独立贡献	DB-WAX柱下的 RI 值
A	金属味、生鱼味	(Z)-1,5-辛二烯-3-酮	65767-22-8	0.00014	0.0004	–	1379
A	酯味、果味	辛酸乙酯	106-32-1	159.5	290	–	1440
A	土豆味、酱油味	甲硫基丙醛	3268-49-3	1.2	1.8	–	1453
A	纸板味	(E)-2-壬烯醛	2463-53-8	0.082	0.1	–	1537
A	花香	(R)-芳樟醇	126-91-0	1.2	1	–	1546
A	烤洋葱味	2-硫烷基-3-甲基-1-丁醇	116229-37-9	0.27	0.29	–	1640
A	腐臭味、奶酪味	3-甲基丁酸	503-74-2	454.9	1230	–	1676
A	酱油味、杂醇味	甲硫醇	505-10-2	822	1397	–	1710
A	果味、猫味	巯基己基乙酸酯	136954-20-6	0.0047	0.005	–	1730
A	草莓味、玫瑰味、蜂蜜味	(E)-β-大马烯酮	23696-85-7	1.8	2.5	–	1825
A	猫味、果味	3-巯基-1-己醇	51755-83-0	0.044	0.055	–	1847
A	花香、玫瑰味	香叶醇	106-24-1	2.7	7	–	1854
A	花香、杂醇味	2-苯乙醇	1960/12/8	27669	7739	+	1910
A	甜味、牛奶味	γ-壬内酯	104-61-0	33.7	11.2	+	2035
A	焦糖味、酸甜味	呋喃酮	3658-77-3	290.6	112	+	2040
A	焦糖味、烧焦的糖	葫芦巴内酯	28664-35-9	1.5	0.54 L	+	2195
A	烟味、甜味、酚味	4-乙烯基愈创木酚	7786-61-0	116.6	98	–	2210
A	狐狸味、葡萄味	2-氨基苯乙酮	551-93-9	2.4	5	–	2228
B	土豆味、杏仁味	2-甲基丁醇	96-17-3	1.7		–	910
B	烧烤味、臭鼬味	3-甲基-2-丁烯-1-硫醇	5287-45-6	0.0029	0.007	–	1105
B	谷物味	2-乙酰基-1-吡咯啉	85213-22-5	0.54	3	–	1338
B	土味、坚果味	2,3,5-三甲基吡嗪	14667-55-1	0.24		–	1411
B	橡胶味	2-巯基乙酸乙酯	5862-40-8	2.3	6.3	–	1438
B	面包味、杏仁味、甜味	糠醛	1998/1/1	20.4		–	1465
B	土味、坚果味	2-乙基-3,5(6)-二甲基吡嗪	13925-07-0	0.25		–	1470
B	杏仁味、烧焦的糖	苯甲醛	100-52-7	1.6		–	1530
B	烧烤味、焦煳味	苄硫醇	100-53-8	0.0061		–	1615
B	椰子味	γ-己内酯	695-06-7	22.6		–	1724

组别	香气描述	化合物	CAS 号	浓度 /(μg/L)	啤酒中的差别 阈值/(μg/L)	对整体香气 的独立贡献	DB-WAX柱 下的 RI 值
B	焦糖味、烧焦的糖	甲基环戊烯醇酮	80-71-7	20.4		−	1830
B	烟味、甜味、酚味	愈创木酚	1990/5/1	3	65	−	1864
B	蘑菇味、肉桂味	3-苯基丙酸乙酯	2021-28-5	1.6	5	−	1897
B	椰子味、甜味	γ-辛内酯	104-50-7	3.7		−	1925
B	焦糖味	麦芽酚	118-71-8	1243		−	1981
B	焦糖味、烧焦的糖	酱油酮	27538-09-6	11.4	68	−	2090
B	蘑菇味、肉桂味	肉桂酸乙酯	103-36-6	0.93	2.4	−	2135
B	焦糖味、烧焦的糖	枫呋喃酮	698-10-2	0.13		−	2263
B	烟味、甜味、酚味	4-乙烯基苯酚	2628-17-3	78.9		−	2380
B	樟脑丸味、粪便味	吲哚	120-72-9	0.72		−	2444
B	樟脑丸味、粪便味	3-甲基吲哚	83-34-1	0.054		−	2490
B	香兰素味、椰子味	香草醛	121-33-5	3	48	−	2585
B	蘑菇味、肉桂味	3-苯基丙酸	501-52-0	20.2		−	2630
B	覆盆子味	覆盆子酮	5471-51-2	5	21.2	−	2978
C	果味、苹果味	丙酸乙酯	105-37-3	96.2		−	952
C	柑橘味、苹果样味	2-甲基丙酸乙酯	97-62-1	0.91	6.3	−	965
C	黄油味	2,3-丁二酮	431-03-8	13		−	970
C	果味、苹果味	丁酸乙酯	105-54-4	73.1	367	−	1036
C	黄油味	2,3-戊二酮	600-14-6	5		−	1052
C	果味、菠萝味	2-甲基丁酸乙酯	7452-79-1	0.21	1.1	−	1055
C	柑橘味、菠萝味	3-甲基丁酸乙酯	108-64-5	0.41	2	−	1065
C	青草味、青香	己醛	66-25-1	6.2		−	1090
C	甜味、霉味	2-甲基 1-1-丙醇	78-83-1	12400		−	1097
C	果味、苹果样味	4-甲基戊酸乙酯	25415-67-2	0.14	1	−	1198
C	硫磺味、卷心菜味	二甲基三硫醚	3658-80-8	0.00012	0.016	−	1391
C	新鲜的、柑橘味	癸醛	112-31-2	1.5		−	1498
C	新鲜的、黄瓜味、油炒的	(E,E)-2,4-庚二烯醛	4313/3/5	2.7		−	1503

组别	香气描述	化合物	CAS 号	浓度 /(μg/L)	啤酒中的差别 阈值/(μg/L)	对整体香气 的独立贡献	DB-WAX柱 下的 RI 值
C	黄瓜味、青香	(E,Z)-2,6-壬二烯醛	557-48-2	0.012		–	1590
C	腐臭味、奶酪味	丁酸	107-92-6	440	1899		1621
C	玫瑰味、花香	苯乙醛	122-78-1	4.5	39.7	–	1646
C	烤洋葱味	3-巯基-3-甲基-1-丁醇	34300-94-2	0.33			1658
C	柑橘味、花香、玫瑰味	香茅醇	106-22-9	2.3	7.5	–	1770
C	脂肪味、油炒的	(E,E)-2,4-癸二烯醛	25152-84-5	0.032			1815
C	花香、薄荷味	2-苯基乙酸乙酯	103-45-7	382.5	2760		1820
C	腐臭味、汗水味	己酸	142-62-1	910			1849
C	花香、紫罗兰味	β-紫罗兰酮	14901-07-6	0.013	0.6		1954
C	金属味、生鱼味	反式-4,5-环氧-(E)-2-癸烯醛	134454-31-2	0.0037	0.059		2020
C	汗水味、腐臭味	辛酸	124-07-2	1990			2070
C	腐臭味、汗水味	癸酸	334-48-5	370			2277
C	腐臭味、汗水味	9-癸烯酸	14436-32-9	150			2335
C	花香、玫瑰味	苯乙酸	103-82-2	2080			2556

注：对整体香气的独立贡献；"+"表示气味化合物在三点差别检验中有统计显著性，$P \leqslant 0.05$。本研究中啤酒的差别阈值测定是以参考啤酒作为基础的。

5.2.3　感官评估

经感官小组成员讨论，"麦芽/谷物"香气、"杂醇样"香气、"酯类"香气和"浓厚度(总香气)"的感官特性被指定用于待改善的香气重组体，然后在感官测试中进行评估，评估范围为–3.00～+3.00，其中参照啤酒的值被设定为 0.00。相似性也通过与参照啤酒的比较来评估，参照啤酒的分数被设定为 100%。

在此研究中，对重组体的感官分析中没有进行啤酒花的风味评估，因为参照的比尔森啤酒没有啤酒花的风味特征，并且参照啤酒中含有较低水平的啤酒花衍生香气成分(Kishimoto 等，2005；2006；2007；2008)。

5.2.4　25 个具有较高 Charm 值和 OAV 值的香气成分构建基本框架

在对提取物 P 进行分析后鉴定出的 65 种气味化合物中，预先筛选了 Charm 值高于 500 的 38 种成分(Kishimoto 等，2018)，并针对这 38 种成分确定了其在参照啤酒中的阈值。结果表明，只有 9 种成分的 OAV 超过 1.0。在检测 38 种香气成分中每种香气成分的贡献时，使用参照比尔森型啤酒作为基础溶液，通过三角试验检验了每种香气成分对啤酒总体香气的独立贡献。尽管有 9 种气味的浓度高于其阈值水平，但三角试验的结果（表 5.1）显示，只有 A 组中 6 种香气成分有较高的 OAV 值：乙酸异戊酯、3-甲基-1-丁醇、2-苯乙醇、γ-壬内酯、呋喃酮和葫芦巴内酯，对啤酒的总体香气有独立的贡献且非常显著。因此，研究表明，在三角试验中，低于阈值水平的香气成分影响不显著，并且对整体香气特征没有影响。

在预筛选的 38 种香气成分中，选择了 25 种 OAV 值较高（范围为 3.58～0.35）（表 5.1）的香气成分，它们被认为是构成啤酒香气的基本框架结构，并在表 5.1 中归为 A 类。在含有 0.20MPa 的 CO_2 和 40 900mg/L 乙醇的水溶液，pH 调节至 4.10，建立了含有与啤酒中相同浓度的 25 种成分的香气重组体。

如图 5.1(a)所示，可以看到使用 A 组的 25 种香气成分进行的重组显著缺乏麦芽/谷物香气（得分为–2.14）、酯类香气（–1.57）和浓厚度（–2.00），并且包含高浓度不平衡杂醇香调(+1.57)，这主要来自于 3-甲基-1-丁醇、甲硫醇和 2-苯乙醇。这表明该重组香气缺乏与高浓度杂醇香调平衡的特性。

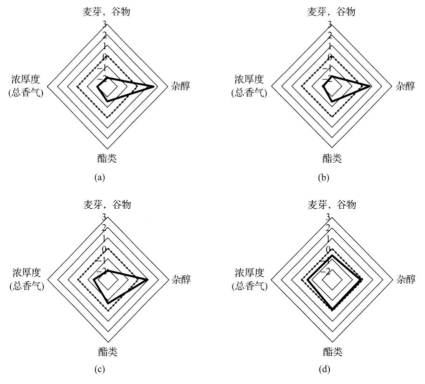

图 5.1　包含 25 种 A 组气味(a)，49 种 A+B 气味(b)，52 种 A+C 气味(c)
和 76 种 A+B+C 气味(d) (Kishimoto 等，2018)
用虚线标注的区域显示了参考比尔森啤酒的香气轮廓

重组口味的相似性通过与参照啤酒进行比较来评估，参照啤酒的评分设为100%。具有不平衡香气特征的 A 组香气质量与参照啤酒的香气质量有很大不同，根据感官评定小组成员的讨论结果，将具有这种香气特征不足的 A 组香气相似性定为 30%。在以下实验中，通过与参照比尔森啤酒和作为标记的 A 组重组体进行比较来评估重组体的相似性。

5.2.5　麦芽香气成分的研究

为了补偿在 A 组重组体中明显缺乏的特征，研究了构成麦芽/谷物味的香气成分。使用氨丙基改性的硅胶柱，以二氯甲烷/甲醇为洗脱液，对参照啤酒的香气提取物(提取物 Q)进行分级分离。然后检查每种成分的麦芽/谷物香气。

本研究采用了氨丙基改性的硅胶柱，以防止硅胶拖尾现象。碱性化合物(例如含氮化合物)的存在及其对麦芽/谷物味的贡献在之前已有大量报道(Harding等，1977)。碱性化合物与弱酸性二氧化硅存在相互作用而容易在分离时产生拖尾峰，因此，当使用标准硅胶作为分离柱的填充剂时，不能获得边界清晰的精确成分。

提取物 Q 分离采用二氯甲烷/甲醇进行洗脱，分别以 40:1 和 20:1 的体积比得到 4 号和 6 号成分并产生麦芽和烧烤香气。成分 4 浓缩后具有谷物、坚果、杏仁和微弱泥土的香气特征，该香气特征主要来自 2-乙酰基-1-吡咯啉、2,3,5-三甲基吡嗪、2-乙基 3,5(6)-二甲基吡嗪、苯甲醛、γ-己内酯、γ-辛内酯和香草醛。成分 6 具有焦糖样、烧焦的糖和甜味香气特征，主要来自苄硫醇、甲基环戊烯醇酮、麦芽酚、γ-壬内酯、呋喃酮、酱油酮、葫芦巴内酯、4-乙烯基愈创木酚和枫糖呋喃酮。

表 5.1 中列出了成分 4 和 6 的香气检测 GC-O 分析结果。根据 Charm 值和香气质量进行选择，鉴别出 44 种化合物有助于成分 4 和 6 的特征香气。在 44 种化合物里，A 组中包含了 20 种香气成分，另外的 24 种香气成分在表 5.1 中的 B 组中。把预期会产生麦芽/谷物风味的 B 组中 24 种成分添加到 A 组形成重组物，并通过检测进行风味贡献的评估。

如图 5.1(b)所示，包含 A 组和 B 组共 49 个成分的重组体仍然明显缺乏麦芽/谷物特征(−2.04)、酯类特征(−1.50)和浓厚度(−2.14)，具有更高的杂醇特征强度(+0.75)和较低的相似度(29.4%)(图 5.2)。也就是说，通过添加 B 组成分并不能改善 A 组重组体的香气特征和相似度。

使用之前描述的三角试验检测了 B 组成分的香气贡献。在三角试验测试中，B 组的 24 种香气成分的每一种影响均不显著(表 5.1)，并且发现每种成分对啤酒的总体香气均没有独立的贡献。

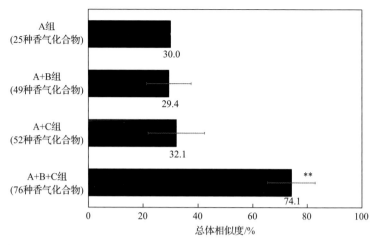

图5.2　包含 A 组、A+B 组、A+C 组和 A+B+C 组的香气重组体的总体相似度（Kishimoto 等, 2018）该数据显示了小组成员之间相似度得分的平均值和标准偏差。**表示 $P \leqslant 0.05$ 时，差异有统计学意义

5.2.6　对整体香气特征没有独立贡献的其他气味物质

在对萃取物 P 和萃取物 Q 的整个成分进行 GC-O 分析后，鉴定出的所有 76 种香气成分中，A 组或 B 组的成分中已包含其中 49 种香气成分。其余 27 种被归为 C 组（表 5.1）。依据它们对啤酒总体香气的贡献，使用前面描述的三角试验进行了检测。C 组 27 种香气成分中的每一种都没有对啤酒总体香气产生独立的贡献。

加入对整体香气特征无独立贡献的 C 组成分，以建立包含 A、B 和 C 组全部 76 种成分的重组体。图 5.1（d）所示的感官测试结果表明，包含所有 76 种组分的香气重组体香气特征显著提高，麦芽/谷物特征得分提高到–0.64，杂醇特征达到–0.21，酯类特征达到–0.14，浓厚度达到–0.57，相似度显著提高到 74.1%（图 5.2）。

此外，将 C 组的 27 种成分添加到 A 组构建重组体，以建立含有 52 种 A 组和 C 组成分的重组体。建立的包含 A 和 C 组 52 种成分的重组体的感官测试显示具较低的相似度（32.1%）（图 5.2）。也就是说，如图 5.1（c）所示，仅添加 C 组成分并不能改善 A 组重组体的缺陷特征。

5.3　结　　论

为了提高重组体的香气特征和相似度，对 C 组 27 种气味物质，以及 B 组和 C 组中 51 种气味物质进行了评估。研究表明，多种对整体香气特征没有独立贡献的成分（包括阈下组分）的协同作用，与突出的杂醇气味相平衡，构成了啤酒良好的平衡特征。

参 考 文 献

Acree T E(1993)Bioassays in flavor. In: Acree TE, Teranishi R(eds)Flavor science. Sensible principles and techniques, ACS professional reference book. American Chemical Society, Washington, DC, pp 1-22

Acree T E, Barnard J(1996)A method for the measurement of odor. In: A tutorial for charm analysis. DATU, New York, pp 7-8

Arrieta-Baez D, Dorantes-Álvarez L, Martinez-Torres R, Zepeda-Vallejo G, Jaramillo-Flores M E, Ortiz-Moreno A G, Aparicio-Ozores R(2012)Effect of thermal sterilization on ferulic, coumaric and cinnamic acids: dimerization and antioxidant activity. J Sci FoodAgric 92: 2715-2720

Blank I(2002)Gas chromatography-olfactometry in food aroma analysis. Food Sci Technol 115: 297-331

Cabrita M J B, Garcia R, Martins N, Gomes Da Silva M, Freitas A M C(2012)Gas chromatography in analysis of compounds released from wood into wine. In: Advanced gas chromatography-progress in agricultural, biomedical and industrial applications, pp 185-298. https://doi. org/10.5772/2518

European Brewery Convention(2010)Bitterness of beer(IM), EBC methods of analysis, section 9 beer method 8. In: Analytica-EBC. Fachverlag Hans Carl, Nürnberg

Fiddler W, Parker W E, Wasserman A E, Doerr R C(1967)Thermal decomposition of ferulic acid. J Agric Food Chem 15: 757-761

Grosch W(2001)Evaluation of the key odorants of foods by dilution experiments, aroma models and omission. Chem Senses 26: 533-545

Harding R J, Nursten H E, Wren J J(1977)Basic compounds contributing to beer flavour. J Sci Food Agric 28: 225-232

Kaneda H, Kobayashi N, Watari J, Shinotsuka K, Takashio M(2002)A new taste sensor for evaluation of beer body and smoothness using a lipid-coated quartz crystal microbalance. J AmSoc Brew Chem 60: 71-76

Kishimoto T, Kobayashi M, Yako N, Iida A, Wanikawa A(2008)Comparison of 4-mercapto- 4-methylpentan-2-one content in hop cultivars from different growing regions. J Agric Food Chem 56: 1051-1057

Kishimoto T, Noba S, Yako N, Kobayashi M, Watanabe T(2018)Simulation of Pilsner-type beer aroma using 76 odor-active compounds. J Biosci Bioeng 126: 330-338

Kishimoto T, Wanikawa A, Kagami N, Kawatsura K(2005)Analysis of hop-derived terpenoids in beer and evaluation of their behavior using the stir bar-sorptive extraction method with GC-MS. J Agric Food Chem 53: 4701-4707

Kishimoto T, Wanikawa A, Kono K, Aoki K(2007)Odorants comprising hop aroma of beer: hop-derived odorants increased in the beer hopped with aged hops. In: Proceedings of the 31st European Brewery Convention Congress. Getränke-Fachverlag Hans Carl, Nürnberg, pp 226-235

Kishimoto T, Wanikawa A, Kono K, Shibata K(2006)Comparison of the odor-active compounds in unhopped beer and beers hopped with different hop varieties. J Agric Food Chem 54: 8855-8861

Kurobayashi Y, Katsumi Y, Fujita A, Morimitsu Y, Kubota K(2008)Flavor enhancement of chicken broth from boiled celery constituents. J Agric Food Chem 56: 512-516

Mayol A R, Acree T E(2001)Advances in gas chromatography-olfactometry. ACS Symp Ser 782: 1-10

Miyazawa T, Gallagher M, Preti G, Wise P M(2008)Synergistic mixture interactions in detection of perithreshold odors by humans. Chem Senses 33: 363-369

Schieberle P(1995)Recent developments in methods for analysis of flavor compounds and their precursors. In: Goankar A (ed)Characterization of Food: emerging methods. Elsevier, Amsterdam, pp 403-431

Sensory analysis(1992)Methods of analysis of the American Society of Brewing Chemists. American Society of the Brewing Chemists, St Paul

第6章 增强 Koku 味的气味化合物

Yoshiko Kurobayashi, Satoshi Fujiwara, Tomona Matsumoto, Akira Nakanishi

摘要 Koku 是一个流行的日文术语，描述在体验风味时，具有改善滋味"复杂性""连续性"和"满口感"等适口的属性。长期以来，人们一直认为 Koku 味来源于食品的呈味物质和质感，已有一些气味化合物被报道为"Koku 味"的增强剂。在本章中，我们将呈现三个案例来说明特定食物中的单一挥发性化合物可能会产生嗅觉反应以增强"Koku 味"的潜在属性。这些案例介绍了三种挥发性化合物的作用：芹菜中的苯酞，干鲣鱼中的(4Z,7Z)-十三烷-4,7-二烯醛，以及一些水果中的香附烯酮。

关键词 气味化合物、苯酞、(4Z,7Z)-十三烷-4,7-二烯醛、香附烯酮、定量描述分析(QDA)法、近红外光谱(NIRS)

6.1 引　言

Koku 是一个日文术语，常用于描述在体验风味时源自"复杂性""连续性(回味)"和"满口感"的改善而产生的适口感(Nishimura & Egusa, 2016)。虽然这个词适用于各种各样的食物和饮料，如煮制的咖啡、茶、可可、乳制品、酒精饮料和果汁，但 Koku 的细微差别或口味因食物不同而变化。这种变化催生了一种"Koku 味"的概念，并从日本传播到世界其他许多地方，特别是西方烹饪界。然而，Koku 一词和"Koku 味"的概念和定义仍然存在一些争议和模糊的不确定性。

虽然"Koku"长期以来被认为是源于味觉物质和质感，但某些种类的气味化合物被报道为"Koku 味"增强剂。据 Kawada 和 Katsumata 报道，小火慢炖的汤或长时间发酵的豆酱当中，吡嗪类化合物、美拉德肽和氨基酸都有助于产生"Koku味"(Kawada & Saitou, 1998; Katsumata, 2014)。Hayase 等人发现以远远低于呈味阈值水平添加 2-乙酰基呋喃、2-乙基己醇或 1-辛烯-3-醇可显著增强调味酱油的"Koku"味(Hayase 等, 2013)。Nishimura 等的研究结果表明，在热鸡汤中洋葱的香气物质会与豆甾醇和 β-谷甾醇结合，从而产生较持久的回味(Nishimura 等, 2016)。

我们在对鸡汤风味的研究中，报道了芹菜中的挥发性化合物——苯酞，具有风味增强的效果，在鸡汤或牛肉汤中呈现出"Koku 味"（浓厚的、有冲击力的、温和的、持久的、令人满意的、复杂性、纯净的、甜味、鲜味），并证明了挥发性化合物对这些属性的重要性（Kurobayashi 等，2008）。在这一章中，我们将提供更多的例子来说明食物中单一挥发性化合物所引起的气味感觉是如何增强"Koku味"的。

6.2 芹菜挥发物中的苯酞类化合物

在实际烹饪中，将诸如肉和骨头等动物性原料和芳香蔬菜、香料之类的植物材料一起在水中煮数小时，能够烹出具有浓郁、复杂风味的高汤或肉汤。芹菜通常被认为是减少异味和增加人们所需的复合风味的重要成分。在芹菜的挥发性成分中，苯酞类骨架结构化合物（如 3-正丁基苯酞、洋川芎内酯和反式-/顺式-瑟丹酸内酯）被确定为芹菜特有辛辣味的主要成分（图 6.1）。我们通过实验对芹菜中这些苯酞类化合物在炖煮过程中的风味增强作用进行了验证（Kurobayashi 等，2008）。

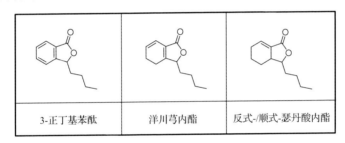

| 3-正丁基苯酞 | 洋川芎内酯 | 反式-/顺式-瑟丹酸内酯 |

图 6.1　芹菜中特征香气化合物

6.2.1　实验部分

将制备好的芹菜相关成分的样品溶液分别添加到鸡肉和鸡骨熬制的鸡汤中，评价这些成分对鸡汤风味的影响。一个由 12 名受过良好感官训练的女性评估员组成的感官评定小组通过定量描述分析（QDA）法评估了样品溶液和鸡汤之间的风味差异，鸡汤仅作为空白对照。评估员被要求用口腔尝样品几秒钟，然后根据控制值为零的线性比例，对以下 10 个表征鸡汤"Koku"味的强度进行评级："浓厚的""有冲击力的""温和的""持久的""令人满意的""复杂性""精致的""纯净的""鲜味"和"甜味"。通过上述方法进行了三种测试。

首先测试的是芹菜中挥发性和非挥发性成分对鸡汤风味的影响。挥发性成分是芹菜水蒸气蒸馏得到的馏出物，而非挥发性成分则是蒸馏的残余物。前者有一种强烈而独特的芹菜样香气，但没有味道；后者有一种强烈的、甜的、鲜美的味道，带有一种微弱的、甜的、煮熟的蔬菜样味。试验溶液的制备方法是将挥发性和非挥发性成分添加到鸡汤中，其含量估计接近实际汤料中的含量，而不显示明显的芹菜样味。

第二种测试是在鸡汤中分别添加 0.2ppm、0.7ppm 和 0.2ppm 的洋川芎内酯、3-正丁基苯酞和瑟丹酸内酯，考察三种添加物对鸡汤风味的影响。

第三项测试集中在苯酞类化合物的味觉上。使用含有上述同一水平的样品溶液进行三角试验，设置两个重复样品和一个不同样品。感官评定小组被要求用口腔品尝三个样本，通过两轮品尝鉴定出不同的样本，一轮使用鼻夹防止气味流向嗅觉上皮，另一轮没有鼻夹。

6.2.2 结果

1. 挥发性和非挥发性组分的影响

图 6.2 显示了添加芹菜挥发性和非挥发性组分的鸡汤风味与对照组进行比较的结果。两种供试品溶液的评分均高于零，且大多数混合挥发性组分的肉汤中分数更高。因此，挥发性成分比非挥发性成分更能增强鸡汤的风味。"鲜味"和"甜味"这两种通常被认为是味觉的属性，芹菜的挥发性成分增强"鲜味"和"甜味"的程度与非挥发性成分类似。这些结果表明，鸡汤复杂风味和风味的增强程度更多地取决于香气成分而不是滋味成分。

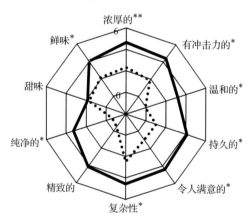

图 6.2　芹菜挥发性和非挥发性成分对鸡汤风味的影响
━━━ 为鸡汤中加入了芹菜的挥发性成分；••• 为鸡汤中加入了芹菜中的非挥发性成分
$*, P<0.05$，$**, P<0.01$

2. 三种苯酞类化合物的作用

接下来评价的是 3-正丁基苯酞、洋川芎内酯和瑟丹酸内酯的影响。虽然在本次评估中，配制的测试溶液浓度并没有明显的芹菜样气味，但当口腔品尝测试样品时，所有属性的得分均高于对照组(图 6.3)。尽管在三个样品的几乎所有属性中均未观察到差异，3-正丁基苯酞在"浓厚的"和"持久的"的属性得分上要低于洋川芎内酯和瑟丹酸内酯，苯酞类化合物具有与芹菜挥发性成分相同的作用。结果表明，苯酞类化合物是芹菜挥发性化合物对鸡肉汤风味和口感增强作用的主要原因。

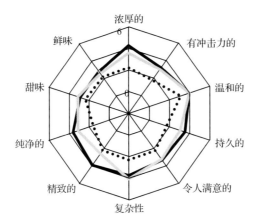

图 6.3　三种苯并呋喃酮类化合物对鸡汤风味的影响

━━为鸡汤中添加了洋川芎内酯；•••为鸡汤中添加了 3-正丁基苯酞；━━为鸡汤中添加了瑟丹酸内酯

3. 苯酞类化合物对味觉的影响

另外，我们进一步确定了苯酞类化合物的这些效应是通过味觉或嗅觉机制。表 6.1 显示了在带鼻夹和不带鼻夹时三角试验中正确回答试验样品的数量。评估者在带鼻夹时没有发现风味上的差异，但没有鼻夹时，风味有所不同。结果表明苯酞类化合物只有微弱的味觉特性；因此，我们可以认为苯酞类化合物所引起的嗅觉增强了鸡汤的复杂 Koku 风味。

表 6.1　三角试验中带鼻夹和不带鼻夹条件下检测鸡汤中苯并呋喃酮类化合物的正确答案数

化合物	正确答案的数量	
	不带鼻夹	带鼻夹
3-正丁基苯酞	6	1
洋川芎内酯	9[***]	1
瑟丹酸内酯	9[***]	1

注：$n=10$，$***P<0.001$。

6.3　干鲣鱼汤中的 (4Z,7Z)-十三烷-4,7-二烯醛

干鲣鱼是日本料理中被广泛应用的传统食物成分。它是由鲣鱼经过煮沸、干

燥和熏制等漫长的过程制作而成，最终形成非常坚实的状态并富含鲜味和风味成分。干鲣鱼通常用于熬汤：将刮净的干鲣鱼放入开水中，静置数分钟，便能提供浓郁的味道和复杂的香气，或者称之为"Koku 味"。在这项研究中，我们假设丰富的风味可能源于气味化合物以及诸如氨基酸、脂肪酸、核酸和肽等味觉物质。

迄今为止，对干鲣鱼的风味成分进行的许多研究已经鉴定出 400 多种化合物。除这些化合物外，我们的研究小组还发现(4Z,7Z)-十三烷-4,7-二烯醛(以下简称 TDD)是干鲣鱼中存在的一种潜在气味化合物,其含量低于 10ppb (Saito 等, 2014)。由于其气味强烈，带有明显的木质、纸板样的属性，因此我们在接下来的实验中重点研究了这个化合物(Fujiwara 等, 2015)。

6.3.1 实验

据之前报道，在太阳穴区域测量的血流变化反映了唾液的分泌(Sato 等, 2011)，而唾液是食欲的一个假设指标。因此实验通过近红外光谱(NIRS)测量脑血流作为血流动力学反应，以评估 TDD 对干鲣鱼汤风味的影响，同时进行了感官评估。

实验采用了三种样品(样品 1、样品 2 和样品 3)进行评估。样品 1 是一种由氨基酸、核酸和氯化钠组成的模拟味道溶液，模拟无味的干鲣鱼汤。样品 2 和样品 3 由样品 1 溶液与重组的干鲣鱼气味物质(根据分析数据用标准化学品制备的)以及不添加(样品 2)和添加(样品 3)5ppb TDD 制备而得，以模拟具有干鲣鱼风味的鱼汤。评估由 10 名参与者完成。

唾液血流动力学反应用 ETG-400 光学成像系统(日本东京日立医疗公司)测量，配备 3×11 光电二极管装置(共 52 个通道)，测量程序如图 6.4 所示。接下来，小组成员通过 QDA 进行了感官评估。参与者被要求用干鲣鱼汤特性的六个描述词的强度进行评分："适口性""香气强度""鲜味强度""浓厚度""协调性""复杂性"。

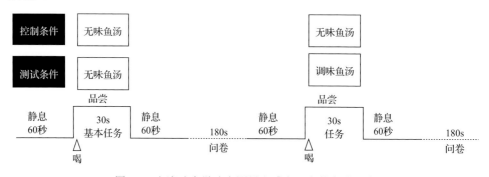

图 6.4 血流动力学响应测量和感官评定的实验方案

6.3.2　结果

图 6.5(a)显示了样品 2(未添加 TDD 的干鲣鱼汤模拟溶液)与样品 1(对照品)的血流动力学响应相对强度。与预期相反,10 名参与者中只有 5 名的血流动力学反应出现上升[图 6.5(a_1)],而其他 5 名参与者的血流动力学反应无变化[图 6.5(a_2)]。然而,在与样品 3(含 TDD 的干鲣鱼汤模拟溶液)的比较中,观察到后一参与者(b_2)和前一参与者(b_1)的血流动力学反应都显著增加[图 6.5(b)]。也就是说,所有受试者在品尝含有 TDD 的鱼汤时,唾液的反应都会增强。

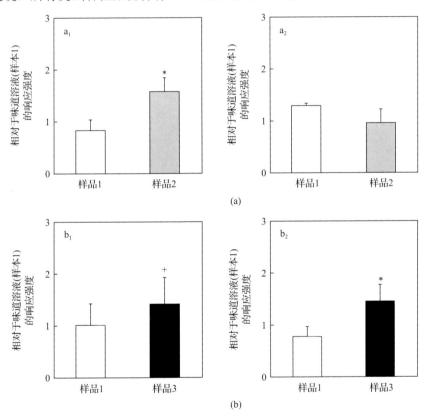

图 6.5　样品 1～样品 3 与对照的相对强度或血流动力学反应

□为模型味道溶液(样品 1);▨为添加干鲣鱼风味的模型味道溶液,不含 TDD(样品 2);■为添加了干鲣鱼样风味和 TDD 的模型味道溶液(样品 3);a_1 和 b_1 为样品 2 测试血流动力学反应出现上升的 5 名受试者;a_2 和 b_2 为样品 2 测试血流动力学反应无变化的 5 名受试者

$+, P < 0.1$, $*, P < 0.05$

前五名受试者和后五名受试者的 QDA 结果分别显示在图 6.6 的两图中。前五名受试者对样品 2 的"适口性""香气强度""浓厚度"和"复杂性"的评分较高。同时,后一组受试者对属性"协调性"和"适口性"的得分要低得多。前一组受

试者似乎能感觉到与样品 2（未添加 TDD 的干鲣鱼汤模拟溶液）一致的干鲣鱼香气和滋味，因此在"复杂性"和"浓厚度"这两个 Koku 的重要属性上有增强的感觉。由此，前一组受试者对样本的整体适口性评价更高，并表现出更高的唾液血流动力学反应或食欲动机。同时，后一组受试者似乎感觉到与样品 2 的香气和滋味的不一致性，并且可能感觉到一种奇怪或不协调的特性。因此，他们觉得"适口性"差得多，而且没有血流动力学反应。

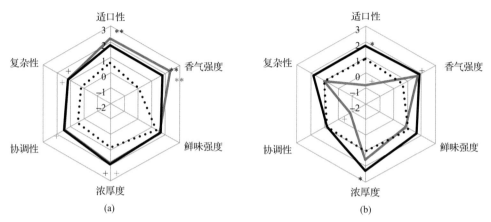

图 6.6　无气味和干鲣鱼风味模型溶液的感官评价

••• 为模型味道溶液（样品 1）；━━ 为添加干鲣鱼样风味的模型味道溶液，不含 TDD（样品 2）；━━ 为添加了干鲣鱼样风味和 TDD 的模型味道溶液（样品 3）；(a) 图中的分数是与图 6.5（a₁）和（b₁）中相同的五个参与者的平均分数；(b) 图中的分数是与图 6.5（a₂）和（b₂）中相同的五个参与者的平均分数

$+, P<0.1$，$*, P<0.05$；$**, P<0.01$

图 6.6 还显示了对样品 3（添加 TDD 的干鲣鱼汤模拟溶液）的评估结果。虽然前一组受试者给出的分数与他们对样本 2 的评分几乎相同，但后一组受试者对样品 3 给出了更高的评分，尤其是"协调性"和"适口性"的属性。这些结果表明，添加 TDD 可能会导致对香气和滋味的一致性感觉，使味道更接近理想的真正的干鲣鱼汤，因此，适口性得分更高和有更高的血流动力学反应。

这些结果使我们相信 TDD 对干鲣鱼汤的整体风味有很大的贡献，尤其是在其"Koku"的属性中。

6.4　几种水果中的香附烯酮

大多数水果因其含有各种香气化合物组成的令人愉快的风味而受到全世界的喜爱（在这里，我们说的水果是指可食用的水果）。它们清淡爽口的风味有时被认为是"Koku"较少（Nishimura & Egusa, 2016）。然而，我们的研究小组根据经验观察到，天然水果比人造果汁有更浓郁的风味。因此，在这里，我们试图从"Koku"

的角度重新考虑水果风味。

尽管大量的研究已经揭示了各种水果特有的风味成分，但天然水果的风味一直难以重组。我们尝试用气相色谱-嗅觉测定法(GC-O)分析水果风味，通常在一些水果中检测到某种带有木质香气的特殊化合物。经过一系列的检测，我们确定该香气物质为香附烯酮(Nakanishi 等, 2017)。

这种化合物已经被鉴定出来，并被命名为香附烯酮。香附烯酮最早于 1967 年在中国的一种天然草药——莎草(*Cyperus rotundus*)中发现(Kapadia 等, 1967)，后来在沉香中也有发现(Ishihara 等, 1991)。最近，它被认为是 Shiraz 葡萄和 Shiraz 葡萄酒中的辛辣风味的贡献者，以及黑胡椒、白胡椒、迷迭香等香料中辛辣风味的贡献者。该化合物的气味阈值为 8ppt(Wood 等, 2008)。然而，在我们之前，还没有人在水果风味中发现香附烯酮。我们推测香附烯酮不仅有助于辛辣风味，而且还与许多食物风味的其他属性有关。

6.4.1　实验

实验通过感官评价来评估香附烯酮的风味。对四种水果进行了评估：葡萄柚、橘子、杧果和苹果。用呈味溶液、糖和柠檬酸制备试样，并根据相应参考文献中报道的定量数据制备四种重组气味(Buettner & Schieberle, 2001a, b; Steinhaus 等, 2006; Boonbumrung 等, 2001)。评价小组由 6 名男性和 4 名女性评估员组成，他们都接受过全面的感官评估培训。每种水果的属性都是专家小组共同选择的术语，作为各自水果风味特征的描述词：葡萄柚的描述词为"甜味""酸味""苦味""鲜味""多汁性""果皮感""复杂性"和"不协调性"；橘子的描述词为"甜味""酸味""花香""鲜味""多汁性""果皮感""复杂性"和"不协调性"；苹果的描述词为"甜味""酸味""青香""果香""果肉感""复杂性"和"不协调性"；杧果的描述词为"甜味""硫磺味""青香""果香""金属味""成熟度""复杂性"和"不协调性"。

在每次评估中，小组被要求品尝测试样品 1 和样品 2，即不含和含有 5ppt 香附烯酮的样品，并对每个属性的强度进行评分。

6.4.2　实验结果

图 6.7 显示了评估葡萄柚、橘子、苹果和杧果的属性平均得分。虽然四种评估的属性本身各不相同，但在样品 2 中，"不协调性"的分数显著降低，"复杂性"显著增加。评估人员还感觉到，在样品 2 中，香附烯酮增强了其他可取的属性，如葡萄柚中的"鲜味""果皮感"和"酸味"；橘子中的"果皮感""花香""鲜味"和"多汁性"；杧果中的"成熟度"；苹果中的"果肉感"。在这些评价中，"不协调性"的属性被定义为"不愉快的味道"或"粗糙的味道"，而"复杂性"被定义

为"深"和"厚",因此,减少"不协调性"和增加"复杂性"和其他令人满意的属性似乎会使水果口中的"Koku"感觉增强。

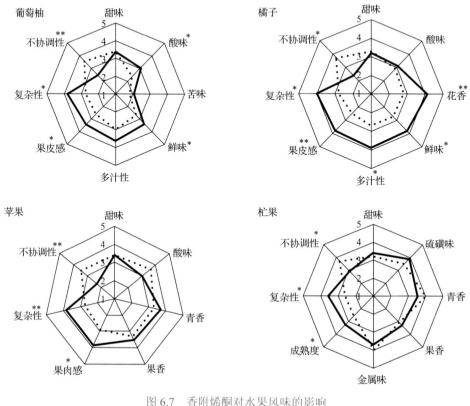

图 6.7 香附烯酮对水果风味的影响

•••样品 1 味觉溶液+香气重组；——样品 2 味觉溶液+香气重组与香附烯酮

$*, P<0.05$；$**, P<0.01$

从这些结果中,我们发现,在水果中添加气味化合物香附烯酮,也可以增强"Koku"的感觉,即便水果通常被认为是一种具有较少 Koku 属性的食物。

6.5 结 论

结果表明,苯酞、TDD 和香附烯酮三种气味化合物对改善和提高食品的风味都各自有效。它们的调节和增强风味作用即使在次阈值水平的添加也能观察到。它们所带来的变化并不是某一特定性质的变化,比如苯酞的辛辣味,TDD 的木质或纸板样属性,或香附烯酮的木质调。相反,它们是一个复杂的、平衡的、令人满意的属性的变化,或者我们所说的"Koku 味"。

总之,我们展示了应用单一气味化合物来增强食物或菜肴的"Koku 味"的前景。此外，我们提出通常被认为有较少的 Koku 特征的水果，事实上可以通过气味化合物来增强其"Koku 味"。

参 考 文 献

Boonbumrung S, Tamura H, Moookdasanit J, Nakamoto H, Ishihara M, Yoshizawa T, Varanyanond W (2001) Characteristic aroma components of the volatile of yellow keaw mango fruits determined by limited odor unit method. Food Sci Technol Res 7: 200-206

Buettner A, Schieberle P (2001a) Evaluation of key aroma compounds in hand-squeezed grapefruit juice (Citrus paradise Macfayden) by quantitation and flavor reconstruction experiments. J Agric Food Chem 49: 1358-1363

Buettner A, Schieberle P (2001b) Evaluation of aroma difference between hand-squeezed juice from valencia late and navel oranges by quantitation of key odorants and flavor reconstruction experiments. J Agric Food Chem 49: 2387-2394

Fujiwara S, Nakamura A, Mori K, Watanabe H, Kurobayashi Y, Saito T, Fushiki T (2015) A study on the potent odour compound of dried bonito. In: Taylor A J, Mottram D S (eds) Flavour Science Proceedings of the XIV Weurman Flavour Research Symposium. Context Products Ltd, Leicestershire, pp 451-454

Hayase F, Takahagi Y, Watanabe H (2013) Analysis of cooked flavor and odorants contributing to the Koku taste of seasoning soy sauce. Nippon Shokuhin Kagaku Kogaku Kaishi 60: 59-71

Ishihara M, Tsuneya T, Uneyama K (1991) Guaiene sesquiterpene from agarwood. Phytochemistry 30: 3343-3347

Kapadia V H, Naik V G, Wadia M S, Dev S (1967) Sesquiterpenoids from the essential oil of Cyperus rotundus. Tetrahedron Lett 8: 4661-4667

Katsumata T (2014) Shokuhin no Koku to Kokumi choumiryou. Gekkan Food Chem 8: 40-44

Kawada S, Saitou C (1998) Kokumi choumiryou no tokusei to riyou. Food Sci 40: 87-91

Kurobayashi Y, Katsumi Y, Fujita A, Morimitsu Y, Kubota K (2008) Flavor enhancement of chicken broth from boiled celery constituents. J Agric Food Chem 56: 512-516

Nakanishi A, Fukushima Y, Miyazawa N, Yoshikawa K, Masuda Y, Kurobayashi Y (2017) Identification of rotundone as a potent odor-active compound of several kinds of fruits. J Agric Food Chem 65: 4464-4471

Nishimura T, Egusa A (2016) "Koku" involved in food palatability: an overview of pioneering work and outstanding questions. Kagaku to Seibutsu 54: 102-108

Nishimura T, Egusa A, Nagano A, Odahara T, Sugise T, Mizoguchi N, Nosho Y (2016) Phytosterols in onion contribute to a sensation of lingering of aroma, a Koku attribute. Food Chem 192: 724-728

Saito T, Shiibashi H, Myoga H, Harabuchi K, Masuda Y, Kurobayashi Y, Nammoku T, Yamazaki H, Nakamura M, Fushiki T (2014) Aroma compounds contributing to dried Bonito. Nippon Shokuhin Kagaku Kogaku Kaishi 61: 519-527

Sato H, Obata A, Moda I, Ozaki K, Yasuhara T, Yamamoto Y, Kiguchi M, Maki A, Kubota K, Koizumi H (2011) Application of near-infrared spectroscopy to measurement of hemodynamic signals accompanying stimulated saliva secretion. J Biomed Opt 16 (4): 047002

Steinhaus M, Bogen J, Schieberle P (2006) Key aroma compounds in apple juice-changes during juice concentration. In: WLP B, Peterson M A (eds) Flavour science recent advances and trends. Elsevier, Washington, DC, pp 189-192

Wood C, Siebert T E, Parker M, Capone D L, Elsey G M, Pollnitz A P, Eggers M, Meier M, Voessing T, Widder S, Krammer G, Sefton M A, Herderich M J (2008) From wine to pepper: rotundone, an obscure sesquiterpene, is a potent spicy aroma compound. J Agric Food Chem 56: 3738-3744

第7章　Kokumi 肽、γ-Glu-Val-Gly 对食品感官特性的影响

Motonaka Kuroda, Naohiro Miyamura

摘要　某些食物的风味特征，如连续性和满口感，单凭五种基本味感是无法解释的。有研究表明，这些感觉是由于添加了 Kokumi 物质(本身没有味道的调味剂)而引起的，这被认为是赋予食物"Koku"的因素之一。最近的研究表明，Kokumi 物质如谷胱甘肽是通过钙敏感受体(CaSR)感知的。CaSR 筛选和感官评价表明，γ-谷氨酰-缬氨酰-甘氨酸(γ-Glu-Val-Gly)是一种有效的 Kokumi 肽。采用描述性分析法，研究了 γ-Glu-Val-Gly 对鸡汤、减脂花生酱和减脂卡仕达酱的感官效应。含γ-Glu-Val-Gly 的鸡汤比对照组具有更强的鲜味、满口感和口腔覆盖感特性。此外，γ-Glu-Val-Gly 显著提高了减脂花生酱的脂肪感、浓厚味和回味，显著增加了减脂卡仕达酱的味觉浓厚度，显著提高了减脂法式色拉酱的回味。这些数据表明，Kokumi 肽、γ-Glu-Val-Gly 可以增强鸡肉清汤的鲜味、满口感和口腔覆盖感；提高减脂花生酱的脂肪感、味觉浓厚度和回味；提高减脂卡仕达酱的味觉浓厚度；增强减脂法式色拉酱的回味。作为一种 Kokumi 物质，γ-Glu-Val-Gly 本身没有味道，因此可以用来改善鲜味和甜味食品的风味。

关键词　Kokumi 物质、γ-谷氨酰-缬氨酰-甘氨酸·γ-Glu-Val-Gly、谷胱甘肽·GSH、鸡肉清汤、花生酱、卡仕达酱、法式色拉酱、描述性分析法

缩略语

γ-Glu-Val-Gly	γ-谷氨酰-缬氨酰-甘氨酸
GSH	谷胱甘肽
CaSR	钙敏感受体
FEMA	香料和提取物制造商协会
IMP	磷酸肌苷
JECFA	粮农组织/世界卫生组织食品添加剂联合专家委员会
MSG	谷氨酸钠

7.1　背　景

味道和香气是决定食物风味的重要因素。甜、咸、酸、苦和鲜味构成了五种基本口味。每一种味觉都由特定的受体识别，并与特定的神经传递途径有关。然而，食物具有的某些感官属性，不能仅用香气和五种基本味道来解释，如质地、连续性、复杂性和满口感。

Ueda 等(1990)研究了大蒜稀释提取物的调味效果，当添加到鲜味溶液中时，这种提取物增强了其连续性、满口感和味觉的浓厚度。在那项研究中，他们试图分离和鉴定导致这种作用的关键化合物。首先，他们用离子交换树脂 C-25 分子筛柱通过阳离子交换色谱制备了活性组分，制备方案如图 7.1 所示。在离子交换树脂 C-25吸附部分中包含对鲜味溶液的连续性、满口感和味觉浓厚度具有增强效应的物质。分析了离子交换树脂 C-25 吸附部分的成分，结果如表 7.1 所示。结果表明，该组分的主要成分为 *S*-烯丙基-L-半胱氨酸亚砜(蒜氨酸)、环蒜氨酸、*S*-甲基-L-半胱氨酸亚砜(MeCSO)、γ-谷氨酰-*S*-烯丙基-半胱氨酸(GAC)、γ-谷氨酰-*S*-烯丙基-半胱氨酸亚砜(GACSO)、半胱氨酸(Cys)和谷胱甘肽(GSH)。为了比较在 C-25 吸附部分中发现的成分的感官效果，制备每种成分并以 0.2%(*w/V*)的比例添加到鲜味溶液中，并通过感官小组评估连续性、满口感和味觉浓厚度的增强。感官评价的结果(表 7.2)

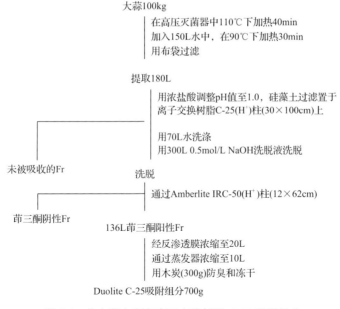

图 7.1　从大蒜中制备离子交换树脂 C-25 吸附组分

表 7.1 C-25 吸附组分中各含硫化合物的含量

化合物 [a]	含量/%
蒜氨酸	16.0
环蒜素	9.2
MeCSO	2.1
GAC	5.3
GACSO	4.7
谷胱甘肽(GSH)	0.2
半胱氨酸	3.0
蛋氨酸	0.1

a MeCSO：S-甲基-半胱氨酸亚砜；GAC：γ-谷氨酰-S-烯丙基-半胱氨酸；GACSO：γ-谷氨酰-S-烯丙基-半胱氨酸亚砜。

表 7.2 含盐/鲜味溶液中每种含硫化合物的影响

化合物 [a]	味觉增强	其他味道
蒜氨酸	+++	蒜样味
环蒜素	+	
MeCSO	++	韭葱样味
GAC	++	蒜样味
GACSO	+	蒜样味
谷胱甘肽(GSH)	+++	
半胱氨酸	+	
蛋氨酸	+	

a MeCSO：S-甲基-半胱氨酸亚砜；GAC：γ-谷氨酰-S-烯丙基-半胱氨酸；GACSO：γ-谷氨酰-S-烯丙基-半胱氨酸亚砜。

表明，蒜氨酸和谷胱甘肽在所测试的化合物中效果最强。由于谷胱甘肽没有任何其他风味，并且相对稳定，Ueda 等人重点研究谷胱甘肽的感官特性(Ueda 等，1997)。他们研究了不同系统中谷胱甘肽的阈值。表 7.3 中结果显示，在鲜味溶液(由含有 3.1%味精的溶液和含有 0.05%味精和 0.05%磷酸肌苷的溶液组成)中的阈值远低于在水中测量的阈值。因此，谷胱甘肽在水中的味道很小，但如果添加到鲜味溶液中，它可以显著提高味觉的浓厚度、连续性和满口感(Ueda 等，1997)。Ueda 等人建议将具有这些性质的物质称为 Kokumi 物质。因此，如第 1 章所述，Kokumi 物质被认为是赋予食物"Koku"味的因素之一。

表 7.3　水和鲜味水溶液中谷胱甘肽的阈值

溶液	阈值/%
水	0.04
MSG 0.05%	0.04
MSG 0.80%	0.02
MSG 3.1%	0.01
MSG 0.05%+IMP 0.05%	0.01

　　由慕尼黑理工大学托马斯·霍夫曼教授领导的研究小组通过感官导向的方法 (senomics 方法)研究了各种食品中的 Kokumi 肽物质。他们利用感官评价人员研究了从食物中分离出的各种化合物的影响，这些感官评价人员用在模型鸡汤中使用 5mmol/L 谷胱甘肽进行训练，以训练提高满口感和增加复杂性的感官活动 (Dunkel 等，2007)。Dunkel 等人从食用豆类(菜豆)中分离出 γ-谷氨酰-亮氨酸 (γ-Glu-Leu)、γ-谷氨酰-缬氨酸(γ-Glu-Val) 和 γ-谷氨酰-半胱氨酰-β-丙氨酸 (γ-Glu-Cys-β-Ala：同型谷胱甘肽) 为 Kokumi 物质。结果表明，这些肽在盐/鲜味溶液和鸡汤中的阈值远低于在水中的阈值。例如，γ-Glu-Cys-β-Ala 在含盐/鲜味溶液中的阈值为 0.1mmol/L，而在水中的阈值为 3.8mmol/L(Dunkel 等，2007)。Toelstede 等(2009)确定了高达奶酪中的 Kokumi 物质为 γ-谷氨酰-谷氨酸(γ-Glu-Glu)、γ-谷氨酰-甘氨酸(γ-Glu-Gly)、γ-谷氨酰-谷氨酰胺(γ-Glu-Gln)、γ-谷氨酰-蛋氨酸 (γ-Glu-Met)、γ-谷氨酰-亮氨酸(γ-Glu-Leu)、γ-谷氨酰-缬氨酸(γ-Glu-Val)和 γ-谷氨酰-组氨酸(γ-Glu-His)。他们指出，这些肽在重组高达奶酪提取液中的阈值比在水中的要低得多。例如，重组高达奶酪提取物溶液中 γ-Glu-His 的阈值为 0.01mmol/L，而水中 γ-Glu-His 的阈值为 2.5mmol/L(Toelstede 等，2009)。他们还检测到高达奶酪中的 γ-谷氨酰-丙氨酸(γ-Glu-Ala)、γ-谷氨酰-苯丙氨酸(γ-Glu-Phe)、γ-谷氨酰-酪氨酸(γ-Glu-Tyr)。Hillmann 等(2016)鉴定了帕尔玛干酪中 Kokumi γ-谷氨酰肽，包括 γ-谷氨酰-谷氨酸(γ-Glu-Glu)、γ-谷氨酰-甘氨酸(γ-Glu-Gly)、γ-谷氨酰-谷氨酰胺(γ-Glu-Gln)、γ-谷氨酰-蛋氨酸(γ-Glu-Met)、γ-谷氨酰-亮氨酸(γ-Glu-Leu)、γ-谷氨酰-缬氨酸(γ-Glu-Val)、γ-谷氨酰-组氨酸(γ-Glu-His)，测定了 γ-谷氨酰-天冬氨酸 (γ-Glu-Asp)、γ-谷氨酰-苯丙氨酸(γ-Glu-Phe)、γ-谷氨酰-酪氨酸(γ-Glu-Tyr)、γ-谷氨酰-苏氨酸(γ-Glu-Thr) 和 γ-谷氨酰-赖氨酸(γ-Glu-Lys)。

　　Shibata 等(2017)试图鉴定大豆种子中的关键 Kokumi 物质，并确定了 γ-谷氨酰-酪氨酸(γ-Glu-Tyr) 和 γ-谷氨酰-苯丙氨酸(γ-Glu-Phe)是大豆种子中的关键 Kokumi 肽。他们还报告了 γ-Glu-Tyr 在含盐/鲜味溶液中的阈值为 0.005mmol/L，这远远低于在水中的阈值(3.0mmol/L)。

　　据报道，人类通过钙敏感受体(CaSR)可以感知 GSH 等 Kokumi 物质(Ohsu 等，2010)。上述研究表明，GSH 和其他几种肽都能激活人 CaSR，γ-Glu-Ala、γ-Glu-Val、 γ-Glu-Cys、γ-Glu-α-氨基丁酸基-甘氨酸(眼酸)和 γ-Glu-Val-Gly 等几种 γ-谷氨酰肽也能激活人 CaSR，这些 γ-谷氨酰肽具有 Kokumi 物质的特性，当添加到基本味觉溶液或食物中时，即使它们在该浓度下本身没有味道，也可以改变五种基本味道(特别是甜、咸和鲜味)。这些 γ-谷氨酰肽的 CaSR 活性与 Kokumi 物质的感觉活性呈正相关，表明这些 γ-谷氨酰肽在人体内是通过 CaSR 感知的。其中，γ-Glu-Val-Gly 被报道为一种有效的 Kokumi 肽，其感官活性是 GSH 的 12.8 倍(Ohsu 等，2010)。此外，γ-Glu-Val-Gly 存在于几种食物中，如扇贝(Kuroda 等，2012a)、发酵鱼露(Kuroda 等，2012b; Miyamura 等，2016)、酱油(Kuroda 等，2013; 2015)、发酵虾酱(Miyamura 等，2014)，以及啤酒(Miyamura 等，2015a, b)。

这些研究表明，各种 Kokumi γ-谷氨酰肽在食品中广泛分布。表 7.4 总结了所报道的 Kokumi γ-谷氨酰肽及含有其的食物。

表 7.4 食品中发现的 Kokumi γ-谷氨酰肽

多肽类	含有的食物
二肽	
γ-Glu-Cys	高达奶酪[1]、帕尔玛干酪[2]、酵母提取物[3]
γ-Glu-Val	食用豆(菜豆)[4]、高达奶酪[1]、帕尔玛干酪[2]
γ-Glu-Leu	食用豆(菜豆)[4]、高达奶酪[1]、帕尔玛干酪[2]
γ-Glu-Glu	高达奶酪[1]、帕尔玛干酪[2]
γ-Glu-Gly	高达奶酪[1]、帕尔玛干酪[2]
γ-Glu-Gln	高达奶酪[1]、帕尔玛干酪[2]
γ-Glu-Met	高达奶酪[1]、帕尔玛干酪[2]
γ-Glu-His	高达奶酪[1]、帕尔玛干酪[2]
γ-Glu-Ala	高达奶酪[1]、帕尔玛干酪[2]
γ-Glu-Phe	高达奶酪[1]、帕尔玛干酪[2]、大豆[5]
γ-Glu-Tyr	高达奶酪[1]、帕尔玛干酪[2]、大豆[5]
三肽	
γ-Glu-Cys-Gly(GSH)	大蒜素[6]、洋葱[7]、酵母提取物[3]、扇贝[8]、葡萄酒[8]、牛肉[8]、鸡肉[8]
γ-Glu-Cys-β-Ala(同型谷胱甘肽)	食用豆(菜豆)[4]
γ-Glu-Val-Gly	扇贝[9]、鱼露[10]、酱油[11]、啤酒[12]、虾酱[13]
γ-Glu-Abu-Gly(眼酸)	酵母提取物
二肽衍生物	
γ-Glu-S-烯丙基-Cys	大蒜[6]
γ-Glu-S-烯丙基-Cys 亚砜	大蒜[6]
γ-Glu-S-(1-丙烯基)-Cys 亚砜	洋葱[7]

注：上标数字表示以下参考文献：(1)Toelstede 等(2009)；(2)Hillmann 等(2016)；(3)Kuroda 等(1997)；(4)Dunkel 等(2007)；(5)Shibata 等(2017)；(6)Ueda 等(1990)；(7)Ueda 等(1994)；(8)Ueda 等(1997)；(9)Kuroda 等(2012a)；(10)Kuroda 等(2012b)；(11)Kuroda 等(2013)；(12)Miyamura 等(2015a, b)；(13)Miyamura 等(2014)。

这些关于各种 Kokumi 肽的报道表明 γ-Glu-Val-Gly 是一种有效的 Kokumi 肽。在下一节中，我们将描述 γ-Glu-Val-Gly 与谷胱甘肽(GSH)在商品鸡汤中的感官效果，并通过感官评价进行评估。

7.2　商品鸡汤中谷胱甘肽和 γ-Glu-Val-Gly 的感官效应

7.2.1　引言

如前一节所述，Ohsu 等(2010)报告称人类通过钙敏感受体(CaSR)感知到了诸如 GSH 的 Kokumi 物质。为了证实这一假设，研究了各种 γ-谷氨酰肽的 CaSR 活性和作为 Kokumi 物质的感觉活性(Ohsu 等，2010)。用主观等效(PSE)方法测定了作为 Kokumi 物质的感官活性。检测的肽为 γ-Glu-Ala、γ-Glu-Val、γ-Glu-Cys、γ-Glu-α-氨基丁酸基-甘氨酸(眼酸)、γ-Glu-Val-Gly 和谷胱甘肽(γ-Glu-Cys-Gly)。其中 γ-Glu-Val-Gly 具有最高的感觉活性，比谷胱甘肽高 12.8 倍，表明 γ-Glu-Val-Gly 是一种有效的 Kokumi 肽。

在本研究的这一部分，我们用感官评价的方法比较了 γ-Glu-Val-Gly 和谷胱甘肽(GSH)对商品鸡汤的感官效果。

7.2.2　材料和方法

1. 材料

食品添加剂级谷胱甘肽(GSH，γ-Glu-Cys-Gly)购自日本东京科金生命科学株式会社。本研究中使用的 γ-Glu-Val-Gly 属于食品添加剂等级(FEMA-GRAS 第 4709 号；JECFA 食品调味品编号 2123)，从味之素股份有限公司(日本东京)获得，并通过先前报道的化学合成方法制备(Ohsu 等，2010)。市售鸡汤粉是从日本东京的味之素股份有限公司购买的。

2. 感官评议小组

在这项研究中，20 名训练有素的小组成员(均为男性；24～50 岁)参与了感官评价。所有小组成员都是味之素股份有限公司的员工，从事食品开发工作，是日本东京都会区的居民。所有人都通过了使用先前描述的方法进行的感官小组检查(Furukawa, 1977)。

3. 含有 GSH 和 γ-Glu-Val-Gly 商品鸡汤的感官评价

用热自来水(对照汤)溶解 2%市售鸡汤粉(味之素股份有限公司)制备鸡汤。然后将 GSH(0.02%)和 γ-Glu-Val-Gly(0.002%)溶解在对照汤中，制备样品汤。每个塑料杯中装大约 50mL 的汤与对照汤一起供应。评估了味觉浓厚度、连续性和满口感的强度。味觉浓厚度表现为品尝后约 5s 时味觉强度的增加。连续性表现为品尝后约 20s 的味觉强度。满口感表现为整个口腔的味觉增强，而不仅仅是舌头上的味觉。一个由 20 名评估员组成的训练有素的小组被要求在–2(明显被抑制)到+2(明显较强)的 5 分等级量表上对样品溶液进行评估。

4. 统计分析

统计分析使用 JMP 版本 9.0(SAS Institute，Cary，NC，USA)进行。感官评定数据收集为平均数±标准差。数据采用配对 t 检验。差异在 $P<0.05$ 时被认为具有统计学意义。

7.2.3 结果与讨论

GSH 和 γ-Glu-Val-Gly 对商品鸡汤的影响

这项实验是为了评估和揭示在商品鸡汤中添加 GSH 或 γ-Glu-Val-Gly 时，味觉的连续性、满口感和浓厚度是否有增强。图 7.2 中的结果表明，GSH(0.02%)和 γ-Glu-Val-Gly(0.002%)在几乎相同的水平上提高了连续性、满口感和味觉浓厚度。γ-Glu-Val-Gly 增强了所有三个特征(味觉浓厚度、连续性和满口感)。γ-Glu-Val-Gly 在 0.002%浓度下有显著增强。这些结果表明 γ-Glu-Val-Gly 是一种有效的 Kokumi 物质。在 7.3 节中，我们研究 γ-Glu-Val-Gly 对各种食物的影响。

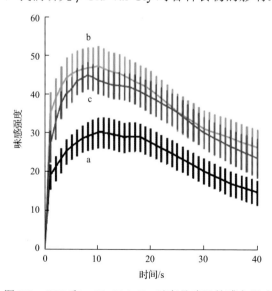

图 7.2　GSH 和 γ-Glu-Val-Gly 对商品鸡汤的感官影响

封闭条显示 200ppm(651μmol/L)GSH 的作用，开放条显示 20ppm(66μmol/L)γ-Glu-Val-Gly 的作用。*，$P<0.05$

7.3　Kokumi 肽、γ-Glu-Val-Gly 对鸡汤感官特性的影响

7.3.1　引言

之前 Ohsu 等(2010)还报道了在 3.3%蔗糖溶液、0.9%氯化钠溶液和 0.5%味精 (MSG)溶液中分别添加 0.01%γ-Glu-Val-Gly 显著提高甜度、咸度和鲜味。他们还报告说，添加 0.002%γ-Glu-Val-Gly 到由市售鸡汤粉制备的鸡肉清汤中显著增强浓厚度、连续性和满口感。在该报告中，感官评价是参照先前报告的方法(Ueda 等, 1990; 1997)。

本研究以添加 γ-Glu-Val-Gly 的鸡肉清汤为研究对象，对添加 γ-Glu-Val-Gly 的食品感官特性进行了描述分析。

7.3.2　材料和方法

1. γ-Glu-Val-Gly 的制备

本研究中使用的 γ-Glu-Val-Gly 属于食品添加剂等级(FEMA-GRAS 第 4709 号；JECFA 食品调味品编号 2123)，从味之素股份有限公司(日本东京)获得，并通过先前报道的化学合成方法制备(Ohsu 等, 2010)。

2. 鸡肉清汤的制备

鸡肉清汤的原料见表 7.5。剁碎的鸡胸肉、鸡腿肉和蛋清混合在一起。然后，加入剁碎的鸡翅肉混合。原料(除了肉汤和水)在一个 60L 的铝锅中混合。加入用相同体积的水稀释的肉汤(日本东京，Kisco 公司)并在 90～95℃煮沸 30min。去除肉、沉淀物和脂肪后，将得到的鸡肉清汤用冻干机(RL-50MB，Kyowa 真空工程有限公司，日本东京)冷冻干燥(冷冻温度−24℃；真空，<13Pa；样品温度，<20℃)。为了进行感官评价，将 5.6g 冻干鸡汤粉和 0.2g 氯化钠溶解在 100mL 蒸馏水中，加热至 60℃，并提交给评议小组成员。大约 90mL 的清汤装在泡沫杯里，用三位数随机数字编码。

3. 评议小组的选择

18 名女性小组成员参与了感官评价。小组成员的年龄为(54.0±8.8)岁(平均值±标准偏差)。所有小组成员居住在美国加利福尼亚州旧金山湾区。小组成员的筛选分三个阶段进行：申请人电话筛选、现场敏锐度测试和面对面高级敏锐度测试。

表 7.5　鸡肉清汤的原料

原料	质量/g
鸡胸肉(剁碎)	6818.2
鸡腿肉(剁碎)	6818.2
鸡翅肉(剁碎)	6818.2
蛋清	1500.0
炸洋葱圈	1687.5
胡萝卜	562.5
芹菜	375.0
番茄	1406.3
番茄酱	150.0
欧芹	18.8
黑胡椒	5.6
肉汤(Kisco 公司)	15000.0
水	15000.0

4. 评议小组的培训

所有小组成员都接受过感官描述分析方面的广泛培训，以评估各种消费品的香味、风味、质地和外观。这项培训每周进行约 3 天，为期 3 个月，在此期间，小组成员扩展了他们的食品感官词汇，学会了使用 15 分量表对属性强度进行评分，并评估了各种各样的食物。例如，甜度强度等级以水中几种浓度的蔗糖为标准，而"甜香"的强度则以牛奶中几种浓度的香草精为标准。参加培训的小组成员通过参加使用许多不同类型产品的实践测试来提高他们的技能。每次测试后，他们都会得到详细的反馈，同时重新测试产品，以帮助他们提高性能。培训结束后，小组成员注册为国家食品实验室描述小组成员，并开始参与各种食品的描述性分析。

5. 感官属性的选择

在本阶段，小组成员评估了添加和不添加 γ-Glu-Val-Gly 的鸡汤样品，以了解 γ-Glu-Val-Gly 的作用。小组组长带领小组讨论了样本之间的异同。他们制定了一份描述产品感官特征的感官属性列表，重点关注被认为受 γ-Glu-Val-Gly 影响的属性。每个样本在定向会议中至少测试两次，小组成员还开发了新的属性，如"总鸡肉/肉味""骨髓味""烧烤味""丰富度""舌头覆盖感"和"生津感"。总体而言，小组成员定义了表 7.6 中列出的 17 种感官属性。小组成员练习对名单上的样品进行评级，以便他们准备开始数据收集。

表 7.6 鸡肉清汤描述属性的定义和参考样品

感官属性	定义	参考样品和强度
总风味	样品所有风味的总强度，包括基本味道	厨房基础鸡汤(6)
总鸡肉/肉味	使人想起熟鸡肉的味道	厨房基础鸡汤(5)
鸡肉味	使人想起熟鸡肉的味道	厨房基础鸡汤(5)
骨髓味	与鸡骨有关的特征，尤指鸡骨的骨髓	N.R.[a]
烧烤味	使人想起烤鸡和/或蔬菜的总风味	斯旺森鸡汤(6)
总蔬菜味	肉汤中胡萝卜、青菜和药草等蔬菜的总风味强度	厨房基础鸡汤(5)
丰富度	样品的风味特征协调、平衡和融合的程度，而不是很尖锐或突出	N.R.
咸味	基本味道之一，常见于氯化钠	水中 0.2%氯化钠(2) 水中 0.5%氯化钠(5)
鲜味	一种基本味道，味精所共有的一种。谷氨酸盐等化合物的味道和口腔充盈感，即有香味、肉汤、肉味、丰富、丰满和复杂，常见于许多食物，如酱油、高汤、成熟奶酪(尤其是帕尔玛干酪)、贝类(螃蟹、龙虾、扇贝、蛤蜊)、蘑菇(尤其是牛肝蕈)、成熟的番茄、腰果和芦笋	厨房基础鸡汤(2) 厨房基础鸡汤中含 0.5%味精(3.5)
黏稠感	样品在口中从薄到厚的黏性程度	水(1)、重搅打奶油(6)
满口感	当样品被放入口腔时，感觉样品充满了整个口腔，正在扩散或正在增强，是一种丰满的感觉	厨房基础鸡汤(1.5) 厨房基础鸡汤中含 0.5%味精(3)
口腔覆盖感	口腔中有难以清除的残余物、浮油、粉状或脂肪层或膜的程度	水中含 0.5%味精(4) 对半(5)
舌头覆盖感	舌苔上有难以清除的残留物、浮油、粉状或脂肪层或膜的程度	水中含 0.5%味精(3)
全三叉神经感	口腔软组织，尤其是舌头上的软组织受损的总感觉强度，包括麻木、烧灼、刺痛或刺激	冬青呼吸保护器(N.S.[b]) 水中含 0.5%味精(5)
生津感	样品引起唾液分泌增加的程度	N.R.
软组织肿胀感	口腔软组织肿胀的感觉，特别是脸颊和嘴唇，使人想起在牙科诊所进行对位治疗时产生的肿胀感，但没有明显的麻木效果	水中含 0.5%味精(4)
总回味	样品中所有味道的5s后的总回味强度	N.R.

a N.R.无参考。
b N.S.未评分。

6. 感官评定程序

为了评估鸡肉清汤，小组成员将产品放入口中 10s，吐出，然后对风味、质地/口感和回味属性进行评级。然后，他们完成对每一个属性(含和不含 5ppmγ-Glu-Val-Gly 的样品)的 15 分评分。样品的供应顺序是平衡的，每个样品在每个位置的每次测试中呈现的次数大致相等。人体感官分析是按照《赫尔辛基宣言》的精神进行的，并获得了所有小组成员的知情同意。实验方案得到了味之素食品科学与技术研究所伦理委员会的批准。

7. 鸡肉清汤中游离氨基酸和 5′-核苷酸的分析

使用 L-8800 型氨基酸分析仪(日本东京日立公司)和柠檬酸锂缓冲液(用于非水解氨基酸分析的 PF 系列；日本东京三菱化学公司)测定游离氨基酸。采用日立 #3013 柱，在 254nm 处检测 5′-核苷酸的含量。

8. 统计分析

统计分析使用 JMP 版本 9.0(SAS Institute Inc.，Cary，NC，USA)进行。数据表示为平均值±标准偏差。数据采用配对 t 检验。当置信水平超过 95%时，数据被认为是有显著性差异的。

7.3.3 结果与讨论

1. 鸡肉清汤的感官属性

在具体项目定向会议上，小组成员形成了如表 7.6 所示的 17 个属性。关于与鸡肉风味相关的属性，由于在项目定向会议期间提出了许多与鸡肉风味相关的词语，因此在列表中增加了三个属性："总鸡肉/肉味"、"骨髓味"和"烧烤味"。总鸡肉/肉味定义为使人联想到熟鸡肉的风味强度，骨髓味被定义为与鸡骨有关的特征，尤其是鸡骨的骨髓，而烧烤味被定义为使人联想到烤鸡和/或蔬菜的总风味强度。此外，由于小组成员在项目特定小组定向会议期间评估含 γ-Glu-Val-Gly 的鸡肉清汤时，覆盖感的感觉得到了很好地识别，因此"口腔覆盖感"和"舌头覆盖感"属性被添加到列表中。"口腔覆盖感"是指口腔上有难以清除的残留物、浮油、粉状或脂肪层或膜的程度。"舌头覆盖感"是指舌苔上有难以清除的残留物、浮油、粉状或脂肪层或膜的程度。总的来说，小组成员定义了表 7.2 中列出的 17 种鸡肉清汤的感官属性：9 种口味和风味属性(总风味、总鸡肉/肉味、鸡肉味、骨髓味、烧烤味、总蔬菜味、丰富度、咸味和鲜味)，7 种质地/口感属性(黏稠感、满口感、口腔覆盖度、舌头覆盖度、生津感、全三叉神经感和软组织肿胀感)，以及 1 个回味(总回味)。这些感官属性的定义和参考文献见表 7.6。

2. 添加 γ-Glu-Val-Gly 鸡肉清汤的感官特性

表 7.7 和图 7.3 显示了添加或不添加 γ-Glu-Val-Gly 鸡肉清汤的感官特性。添加 5ppm γ-Glu-Val-Gly 在 99%置信水平下显著增强了鲜味的强度和满口感。此外，这种肽的加入在 95%的置信水平下显著增强了口腔覆盖感的强度。以 5ppm 的浓

表 7.7　添加 γ-Glu-Val-Gly 的鸡汤感官特性

感官属性	对照	添加 γ-Glu-Val-Gly	变化值	95%置信区间	99%置信区间	显著性
总风味	6.13±0.72	6.31±0.68	0.18±0.60	0.28	0.36	N.S.
总鸡肉/肉味	5.26±0.61	5.41±0.59	0.14±0.59	0.27	0.36	N.S.
鸡肉味	4.82±0.55	4.88±0.78	0.06±0.69	0.32	0.42	N.S.
骨髓味	2.42±0.85	2.63±0.98	0.21±1.14	0.53	0.69	N.S.
烧烤味	3.19±1.03	3.12±1.03	−0.07±0.82	0.38	0.50	N.S.
总蔬菜味	3.56±0.75	3.78±0.81	0.22±0.64	0.30	0.39	N.S.
丰富度	4.01±0.81	4.27±0.94	0.27±0.79	0.36	0.48	N.S.
咸味	2.73±0.48	2.87±0.73	0.13±0.57	0.26	0.35	N.S.
鲜味	2.84±0.65	3.28±0.67	0.43±0.66	0.30	0.40	**
黏稠感	2.06±0.65	2.22±0.59	0.16±0.40	0.18	0.24	#
满口感	2.47±0.70	2.92±0.73	0.45±0.69	0.32	0.42	**
口腔覆盖感	2.67±0.66	2.94±0.65	0.27±0.56	0.26	0.34	*
舌头覆盖感	2.56±0.82	2.72±0.82	0.17±0.68	0.32	0.42	N.S.
生津感	2.42±0.85	2.58±0.83	0.16±1.06	0.49	0.64	N.S.
全三叉神经感	2.76±0.87	2.98±0.73	0.23±0.84	0.39	0.51	N.S.
软组织肿胀感	2.78±0.79	2.87±0.68	0.09±0.76	1.48	0.46	N.S.
总回味	4.46±0.60	4.54±0.66	0.08±0.64	0.29	0.38	N.S.

注：数据显示为平均值±标准偏差。

*表示在 95%置信水平下显著；**表示在 99%置信水平下显著；#表示在 90%置信水平下有显著性趋势。

N.S. 不显著。

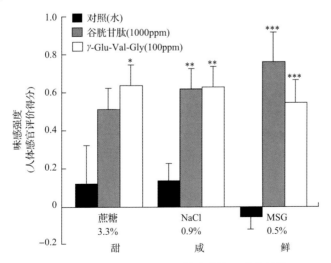

图 7.3　添加 γ-Glu-Val-Gly 的鸡肉清汤感官特性

*，在 95%的置信水平下显著；**，在 99%的置信水平下显著；***，在 99.9%的置信水平下显著

度添加该肽并没有显著改变其他属性的强度。最近的一项研究表明，如果在 0.5% 的味精溶液中添加 GSH 和 γ-Glu-Val-Gly 等 Kokumi 肽可以增强鲜味的强度(Ohsu 等，2010)。观察结果与本研究一致。此外，在描述性分析中，鲜味不仅被定义为"味精的味道"，还被定义为"谷氨酸钠等化合物的口腔充盈感，这种感觉在许多食物中都很常见，如酱油、高汤、成熟奶酪、贝类、蘑菇、成熟的番茄、腰果和芦笋"(表 7.6)。

因此，鲜味在鸡肉清汤中的强化包括丰富度和复杂性等感官的增强。本研究结果还表明，γ-Glu-val-Gly 还可以提高满口感。先前的一项研究表明，在鸡肉清汤中添加 20ppm 的 γ-Glu-Val-Gly 显著提高了满口感，这与本研究一致(Ohsu 等，2010)。关于其他的 γ-谷氨酰肽，有报道说一些 Kokumi γ-谷氨酰肽可以提高食物系统的满口感。Ueda 等(1997)报道了添加 GSH(γ-Glu-Cys-Gly)可提高模型牛肉提取物的满口感强度。此外，Ohsu 等(2010)还报道，GSH 的添加增强了鸡汤的满口感强度。此外，有报道称，γ-谷氨酰肽，如 γ-Glu-Val、γ-Glu-Leu 和 γ-Glu-Cys-β-Ala 在食用豆类中被发现作为 Kokumi 活性肽添加到鸡肉清汤中可提高满口感(Dunkel 等，2007)。另据报道，γ-Glu-Glu、γ-Glu-Gly、γ-Glu-His、γ-Glu-Gln、γ-Glu-Met 和 γ-Glu-Leu 是赋予成熟高达奶酪持久满口感的关键组分(Toelstede 等，2009)。从这些结果可以证明，许多 Kokumi γ-谷氨酰肽增强了满口感的强度。

有趣的是，本研究揭示了 5ppm γ-Glu-Val-Gly 的加入显著提高了口腔覆盖感的强度。众所周知，口腔覆盖感是由添加水性胶体如黄原胶、刺槐豆胶、卡拉胶(Arocas 等，2010; Flett 等，2010)，以及含脂肪食物材料，如乳制品中的脂肪乳胶(Flett 等，2010)。然而，一些研究表明低分子量的化合物增强了口腔覆盖感的强度。Dawid 和 Hofmann 报告说，1,2-二硫杂环-4-羧酸 6-D-吡喃葡萄糖苷脂表现出一种黄油状口腔覆盖感感觉(Dawid & Hofmann, 2012)。此外，同一个研究小组还证明，香兰素、香兰素相关化合物、美洲香兰素 A 和 4′,6′-二羟基-3′,5′-二甲氧基[1,1′-联苯]-3-甲醛等多酚化合物表现出天鹅绒般的口腔覆盖感(Schwarz & Hofmann, 2009)。此外，据报道，从红茶中提取的黄酮-3-醇糖苷，如山奈酚苷、槲皮素苷、杨梅苷和芹菜素苷可引起口腔覆盖感(Scharbert 等，2004)。尽管有这些观察结果，但还没有关于一种肽表现出口腔覆盖感的报道。因此，这是首次证明肽的口腔覆盖感(糊嘴)作用。虽然添加 5ppm 的 γ-Glu-Val-Gly 后，鸡肉清汤的黏度没有明显变化(数据未显示)，但可以观察到口腔覆盖感的增强。这种增强的机制将在以后的研究中阐明。

在本研究中，添加 γ-谷氨酰-缬氨酰-甘氨酸可增强鲜味、满口感和口腔覆盖感的强度。相反，味精(MSG)，这一代表性的鲜味化合物，也能增强与口腔覆盖感相关的口感和感觉强度(Yamaguchi & Kimizuka, 1979)。以前，有研究表明，当 γ-谷氨酰-缬氨酰-甘氨酸添加到 0.3% 的味精溶液中时，它会增强鲜味的强度(Ohsu 等，2010)。此外，如表 7.8 所示，对化学成分的分析表明，鸡肉清汤含有谷氨酸

(51.1mg/dL) 和 IMP (21.3mg/dL)，这些浓度的鲜味成分足以唤起鲜味感 (Yamaguchi & Kimizuka, 1979)。因此，γ-谷氨酰-缬氨酰-甘氨酸对满口感和口腔覆盖感的增强作用可能是由鲜味增强引起的。Kokumi 化合物的独特之处在于，与鲜味化合物不同，Kokumi 化合物本身没有味道，只有添加到食物中才能增强味觉。因此，Kokumi 化合物可能会增强甜食的满口感和连续性等感觉。在我们最近的研究中，我们观察到 γ-谷氨酰-缬氨酰-甘氨酸可以提高减脂花生酱的回味、脂肪感和满口感 (Miyamura 等，2015a; b)。这一结果表明，Kokumi 化合物既可用于风味食品，也可用于甜味食品中，而鲜味化合物由于其独特的鲜味而主要应用于风味食品中。进一步深入研究 γ-谷氨酰-缬氨酰-丙氨酸增强满口感和口腔覆盖感的机制。

表 7.8　鸡肉清汤中游离氨基酸和 5′-核苷酸的含量

成分	含量/(mg/dL)	成分	含量/(mg/dL)
氨基酸			
牛磺酸	74.9	异亮氨酸	7.0
天冬氨酸	17.5	亮氨酸	12.4
苏氨酸	27.5	酪氨酸	9.9
丝氨酸	20.3	苯丙氨酸	8.0
谷氨酸	51.1	赖氨酸	17.0
甘氨酸	15.8	组氨酸	6.6
丙氨酸	23.6	精氨酸	23.7
缬氨酸	10.2	羟(基)脯氨酸	2.5
蛋氨酸	4.7	脯氨酸	10.0
5′-核苷酸			
5′-IMP	21.3		
5′-GMP	n.d.		

注：n.d 表示未检测到。

γ-Glu-Val-Gly 的添加显著提高了鸡肉清汤的鲜味度、满口感和口腔覆盖感。结果表明，添加 γ-Glu-Val-Gly 可以改善鸡肉清汤的风味和满口感。目前正在调查消费者对鸡肉清汤的偏好，以确定这种化合物是否可以用于增强食品的品质。

7.3.4　结论与启示

本研究采用描述性分析法研究了添加 5.0ppm γ-Glu-Val-Gly 的鸡肉清汤的感官特性。在 99% 的置信水平下，含 γ-Glu-Val-Gly 的鸡肉清汤的 "鲜味" 和 "满口感"（口腔充盈感）显著强于对照样品；在 95% 的置信水平下，其 "口腔覆盖感" 特征明显强于对照组。这些数据表明，Kokumi 肽 γ-Glu-Val-Gly 可以增强鸡肉清汤的鲜味、满口感和口腔覆盖感。结果表明，添加 γ-Glu-Val-Gly 可以改善鸡肉清汤的风味和口感。

7.4　Kokumi 肽 γ-Glu-Val-Gly 对减脂花生酱感官特性的影响

7.4.1　引言

在前一节中，我们描述了 γ-Glu-Val-Gly 对鸡肉清汤感官特性的影响。在鸡肉清汤中添加 γ-Glu-Val-Gly 可显著提高味觉浓厚度(品尝后 5s 左右评估味觉增强)、连续性(品尝后 20s 的味觉强度)和满口感(增强整个口腔的味觉，而不仅仅是舌头上的味觉)(Ohsu 等，2010)。众所周知，这些感觉是由添加含脂肪的食物材料，如乳脂乳液引起的(Flett 等，2010)。

与肥胖相关的健康问题日益增多，导致了各种低脂食品和减脂食品的开发和商业化。然而，一般来说，减脂食品和低脂食品的适口性低于全脂食品(McClements & Demetriades, 1998)。以前使用描述性感官分析的研究表明，低脂 Lyon 型香肠(17%脂肪和 10%脂肪香肠；全脂香肠含有 25%脂肪)降低了肉味、肉味回味、多汁感和油腻感，同时增加了辛辣感、回味辛辣、硬度和粗糙感(Tomashunas 等，2013)。低脂酸奶(0.1%脂肪；全脂酸奶含 3.5%脂肪)相对于乳脂度(定义为口腔覆盖感)得分降低，并且显示硬度和均匀性得分增加(Pimentel 等，2013)。低脂冰激凌(4.0%脂肪；全脂冰激凌含 10.0%脂肪)在浓厚感、平滑感、奶油般质地、口腔覆盖感、熟糖味、牛奶味、炼乳味、牛奶回味方面得分较低(Liou & Grun, 2007)，而低脂切达干酪(14.5%脂肪；全脂切达干酪含有 34.7%脂肪)在乳脂风味和肉汤风味方面得分较低(Amelia 等，2013)。低脂食品主要缺乏质感，因此可以使用树胶、淀粉和变性淀粉等增稠剂来解决这一问题。然而，含这类添加剂的低脂食品的适口性仍低于全脂食品。

本研究旨在阐明添加 γ-Glu-Val-Gly 是否会改变减脂食品和低脂食品的感官特性。研究了 γ-Glu-Val-Gly 对减脂花生酱的影响。

7.4.2　材料和方法

1. γ-Glu-Val-Gly 的制备

本研究中使用的 γ-Glu-Val-Gly 属于食品添加剂等级(FEMA-GRAS 第 4709号；FEMA：香料和提取物制造商协会；JECFA 食品调味品编号 2123；JECFA：FAO/WHAO 食品添加剂联合专家委员会)，来自味之素股份有限公司(日本东京)，如前所述，通过化学合成方法制备(Ohsu 等，2010)。

2. 减脂和全脂花生酱的制备

减脂花生酱(30%脂肪含量)和全脂花生酱(50%脂肪含量)模型的原料如表 7.9 所示。关于减脂花生酱的制备,乳化剂与花生酱在 30℃的铝锅中混合,随后通过搅拌添加奶油。加入溶于水的糖和盐,搅拌,并在 40℃下加热 5 分钟。制备全脂型花生酱时,乳化剂与花生酱和色拉油在 30℃的铝锅中混合,随后通过搅拌添加奶油。将溶于水的糖和盐加入并搅拌,在 40℃下加热 5min。用 γ-Glu-Val-Gly 制备减脂花生酱,将 γ-Glu-Val-Gly 溶于水(含糖和盐),然后按上述方法制备。将制备好的花生酱样品包装在玻璃瓶中,并在 4℃下储存,直到进行感官评价。

表 7.9　减脂花生酱和全脂型花生酱原料

材料	低脂/wt%	全脂模型/wt%
花生酱	55.0	55.0
色拉油	0.0	21.0
盐	1.0	1.0
糖(颗粒状)	6.2	6.2
奶油	5.0	5.0
乳化剂(糖脂;HLB:15)	2.0	0.5
乳化剂(单硬脂酸甘油酯;HLB:4)	0.0	2.0
黄原胶	0.0	0.5
水	30.8	8.8

3. 感官评议小组的选择

在这项研究中,29 名小组成员[17 名男性和 12 名女性;年龄(28.8±5.0)岁,平均值±标准偏差]参与了感官评价。所有小组成员都是味之素上海食品研究技术中心的员工,他们都从事食品开发工作。他们是中国上海的居民。此外,所有这些人都通过了使用先前描述的方法进行的感官小组检查(Furukawa, 1977)。为了比较减脂花生酱和全脂花生酱模型,20 名小组成员[9 名男性和 11 名女性;年龄(27.6±3.6)岁,平均值±标准偏差]参与了感官评价。为了研究 γ-Glu-Val-Gly 的效果,19 名小组成员[男性 13 人,女性 6 人;年龄(29.9±5.3)岁,平均值±标准偏差]参与评估。

4. 感官属性的选择

小组成员评估了减脂花生酱和全脂花生酱的样品。小组组长带领小组讨论了样本之间的异同。为了描述产品的感官特性,小组成员列出了 9 种感官属性:花生味、咸味、甜味、苦味、味觉浓厚度、回味、连续性、光滑感和脂肪感。小组成员练习对名单上的样本进行评级，以便他们准备开始数据收集。

5. 感官评定步骤

感官评定于上午 10:00～11:30 在感官评定室的分隔间内进行，温度通过空调设定为 25℃。为了评估花生酱样品，将 10g 样品涂抹在一片面包上(10g)，面包被切成四片。小组成员把每片涂抹花生酱的面包放入口腔里，评估味道，并对每一种属性进行评分。他们在品尝不同样品间用商业矿泉水漱口。他们用三点线性刻度尺对每种属性进行评分：-1.0，明显弱于对照；0，与对照相同；1.0，明显强于对照。为了比较减脂样品和全脂模型，一半的小组成员用减脂样品作为对照来评估全脂模型，另一半用全脂模型作为对照来评估减脂样品。样品的组合是随机和平衡的。人体感官分析是按照《赫尔辛基宣言》的精神进行的，并获得了所有小组成员的知情同意。实验程序得到了味之素食品科学与技术研究所伦理委员会的批准。

6. 统计分析

统计分析使用 JMP 版本 9.0(SAS Institute，Cary，NC，USA)进行。数据收集为平均值±标准误差。数据采用配对 t 检验。差异在 $P<0.05$ 时被认为具有统计学意义。

7.4.3 结果与讨论

1. 感官属性

在小组讨论中，小组成员列出单词，选择属性，并就属性所表达的感觉达成共识。小组成员开发了 10 个属性：花生味、咸味、甜味、苦味、味觉浓厚度(在保持口味平衡的情况下提高味觉强度)、回味(样品中所有风味属性 5 秒后的总回味强度)、连续性(品尝后 20 秒的总味觉强度)、光滑感、黏稠感和脂肪感。

2. 减脂和全脂花生酱的比较

表 7.10 中减脂花生酱和全脂花生酱的比较显示。与减脂花生酱相比，全脂花生酱在花生味、味觉浓厚度、回味、连续性和脂肪感方面得分较高。减脂组与全脂组在咸味、甜味、苦味、光滑感、黏稠感方面无显著差异。我们认为脂肪增强了花生酱的上述感官特性。换句话说，我们认为花生酱中脂肪的感官功能是花生味、味觉浓厚度、回味、连续性和脂肪感(表 7.11)。花生味是指使人联想到花生的香味强度。味觉浓厚度是指在保持味觉平衡的前提下提高味觉强度。回味被定

义为品尝后 5 秒的总味觉强度。连续性被定义为品尝 20 秒后的总味觉强度。脂肪感是指油腻的口腔覆盖感。

表 7.10　减脂花生酱与全脂型花生酱对比试验结果

感官属性	全脂模式得分	显著性
花生味	0.24±0.05	**
咸味	0.04±0.04	N.S.
甜味	−0.03±0.05	N.S.
苦味	−0.10±0.05	N.S.
味觉浓厚度	0.15±0.06	*
回味	0.16±0.04	**
连续性	0.14±0.04	**
光滑感	0.10±0.08	N.S.
黏稠感	−0.01±0.09	N.S.
脂肪感	0.23±0.07	**

注：数据显示为平均值±标准误差。

*, $P<0.05$，**, $P<0.01$。

N.S.表示无显著性。

表 7.11　γ-Glu-Val-Gly 对减脂花生酱的影响评价中使用的感官属性及其定义

感官属性	定义
花生味	使人想起花生的味道
味觉浓厚度	保持味觉平衡的同时，增强味觉强度
回味	品尝后 5 秒的总味觉强度
连续性	品尝后 20 秒的总味觉强度
脂肪感	油腻的口腔覆盖感

3. 添加 γ-Glu-Val-Gly 对减脂花生酱的影响

接下来我们评估了 γ-Glu-Val-Gly 对减脂花生酱感官特性的影响。为此，研究了添加 40ppm（132μmol/L）γ-Glu-Val-Gly 的减脂花生酱对花生味、味觉浓厚度、回味、连续性和脂肪感的影响。感官评定结果如表 7.12 和图 7.4。γ-Glu-Val-Gly 的添加显著提高了味觉浓厚度、回味和脂肪感的强度。这些结果表明，添加 γ-Glu-Val-Gly 可以增加减脂花生酱所缺乏的一些感觉。结果还表明，添加 γ-Glu-Val-Gly 可以改善减脂花生酱的风味。

表 7.12　γ-Glu-Val-Gly 对减脂花生酱的影响

感官属性	γ-Glu-Val-Gly 样品评分	显著性
花生味	0.06±0.05	N.S.
味觉浓厚度	0.13±0.04	**
回味	0.14±0.05	*
连续性	0.09±0.05	N.S.
脂肪感	0.09±0.04	*

注：数据显示为平均值±标准误差。

*，$P<0.05$，**，$P<0.01$。

N.S.表示不显著。

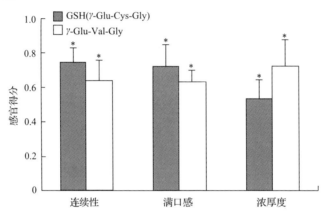

图 7.4　添加 γ-Glu-Val-Gly 的减脂花生酱感官特性

*，$P<0.05$

　　先前的研究表明，几种减脂食品和低脂食品缺乏与"味觉浓厚度"、"回味"和"脂肪感"有关的感觉。例如，低脂 Lyon 型香肠（10%脂肪香肠；全脂香肠含有 25%脂肪）降低了肉味、肉味回味、多汁感和油腻感，同时增加了辛辣感、回味辛辣、硬度和粗糙感（Tomashunas 等，2013）。本研究添加菊粉和柑橘纤维制备出了改善风味和质地的低脂 Lyon 型香肠，结果表明，含菊糖和柑橘纤维的低脂香肠在肉味回味、硬度、多汁感、粗糙感等方面与全脂香肠无显著差异。然而，肉味和油腻感仍低于全脂香肠，辛辣感和回味辛辣仍高于全脂香肠（Tomashunas 等，2013）。低脂酸奶（0.1%脂肪；全脂酸奶含 3.5%脂肪）相对于乳脂度（定义为口腔覆盖的感觉）得分降低，硬度和均匀性得分增加（Pimentel 等，2013）。本研究采用含长链菊粉的低脂酸奶来改善酸奶的风味和质地，结果表明，添加长链菊粉的低脂酸奶的硬度与全脂酸奶无显著差异。然而，乳脂度仍然低于全脂酸奶，均匀性仍高于全脂酸奶（Pimentel 等，2013）。这些先前的研究表明，菊粉和柑橘纤维等成分可以改善低脂食品所缺乏的一些特性；但是，他们也指出，这些成分不能改善肉味、油腻感和奶油般质地。从本节所示的结果来看，γ-Glu-Val-Gly 有可能作为脂肪替代品用于改善其他含有菊粉和膳食纤维成分的低脂食品的风味。为了评估这种可能性，有必要使用消费者评议小组进行偏好测试，目前我们的实验室正在进行这项测试。γ-Glu-Val-Gly 对其他低脂食品的影响将在后面小节中说明。

7.4.4 结论与启示

本节研究了一种 Kokumi 肽 γ-Glu-Val-Gly 对减脂花生酱风味的影响。结果表明，γ-Glu-Val-Gly 的添加显著提高了味觉浓厚度、回味和油性感。结果表明，添加 γ-Glu-Val-Gly 可以提高减脂花生酱所缺乏的感官特性，说明添加该肽可以改善减脂花生酱的风味。

7.5 Kokumi 肽 γ-Glu-Val-Gly 对减脂卡仕达酱感官特性的影响

7.5.1 引言

在 7.4 节研究了 γ-Glu-Val-Gly 对减脂花生酱感官特性的影响。结果表明，γ-Glu-Val-Gly（40ppm；162μmol/L）的添加显著增强了味觉浓厚度、回味和脂肪感的强度。有趣的是，γ-Glu-Val-Gly 的加入增强了脂肪感，即油腻的口腔覆盖感。这些感觉是由添加含脂肪的食物材料，如乳制品中的脂肪乳胶引起的(Flett 等，2010)。

如前所述，人口中肥胖症的增加刺激了各种减脂食品的开发和商业化；然而，减脂食品的适口性通常低于全脂食品(McClements & Demetriades, 1998)。在含有乳制品奶油的食品中，已经对低脂冰激凌的感官特性进行了几项研究，先前的报告表明，低脂冰激凌在风味和质地相关的属性(如奶油般质地和光滑感)方面得分较低(Patel 等，2010; Abdel Haleem & Awad, 2015; Azari Anpar 等，2017; de Souza Fernandes 等，2017; Sharma 等，2017; Zhang 等，2018; Guo 等，2018)。对低脂冰激凌的描述性分析表明，低脂冰激凌(4.0%脂肪；全脂冰激凌含 10.0%脂肪)在浓厚度、光滑感、奶油般质地、口腔覆盖感、熟糖味、牛奶味、炼乳味和牛奶回味方面得分较低(Liou & Grun, 2007)。在前一节中，研究表明，在减脂花生酱中添加 γ-Glu-Val-Gly(一种有效的 Kokumi 肽)可以提高花生酱的口感浓厚度、回味和脂肪感的强度。γ-Glu-Val-Gly 的添加可以改善减脂食品的风味。

本研究旨在阐明添加 γ-Glu-Val-Gly 是否能改变各种减脂食品的风味。因此，我们研究了 γ-Glu-Val-Gly 对减脂卡仕达酱感官特性的影响。

7.5.2 材料和方法

1. γ-Glu-Val-Gly 的制备

本研究中使用的 γ-Glu-Val-Gly 属于食品添加剂等级(FEMA-GRAS 第 4709

号；FEMA：香料和提取物制造商协会；JECFA 食品调味品编号 2123；JECFA：
FAO/WHAO 食品添加剂联合专家委员会)，来自味之素股份有限公司(日本东京)，
如前所述，通过化学合成方法制备(Ohsu 等，2010)。

2. 减脂和全脂卡仕达酱的制备

减脂卡仕达酱(脂肪含量 3.6%)和全脂卡仕达酱模型(脂肪含量 12.0%)的原料
如表 7.13 所示。每种卡仕达酱的制备方法如下：原料由食品加工机 Bamix
M-300(瑞士 ESGE AG)混合 1 分钟，在 95℃下加热 30 分钟，通过筛网过滤，并
使用冰水冷却至室温。制备的卡仕达酱样品保存在 4℃的冰箱中，直到用于感官
评价。

表 7.13 减脂卡仕达酱和全脂卡仕达酱原材料

材料	减脂/wt%	全脂模型/wt%
新鲜奶油	0.0	19.0
牛奶	0.0	45.5
脱脂牛奶	6.0	0.0
蛋黄(加 20%糖)	14.5	14.5
糖	8.0	10.0
面粉	3.0	3.0
茴香豆	0.1	0.1
淀粉	0.5	0.0
菊粉霜	24.3	0.0
水	43.6	7.9

3. 感官评议小组的选择

在这项研究中，29 名小组成员[17 名男性和 12 名女性；年龄(28.8±5.0)岁，
平均值±标准偏差]参与了感官评价。所有小组成员都是味之素上海食品研究技术
中心的员工，从事食品开发工作。所有小组成员都是中国上海居民。此外，所有
的小组成员都通过了使用先前描述的方法进行的感官小组检查(Furukawa，1977)。
为了比较减脂和全脂卡仕达酱，20 名小组成员[9 名男性和 11 名女性；年龄
(27.6±3.6)岁，平均值±标准偏差]参与了感官评价。为了研究 γ-Glu-Val-Gly 的
效果，19 名小组成员[男性 13 人，女性 6 人；年龄(29.9±5.3)岁，平均值±标准
偏差]参与评估。

4. 感官属性的选择

小组成员对减脂卡仕达酱和全脂卡仕达酱的样品进行了评估。小组组长带领小组讨论样品之间的异同点。他们开发了一系列感官属性来描述产品的感官特征。小组成员开发了 10 个属性：味觉浓厚度、连续性、甜味、回味、鸡蛋味、香兰素味、温和感和脂肪感。小组成员练习了对名单上的样本进行评级，以便他们准备开始收集数据。

5. 感官评价步骤

在上午 10:00～11:30，感官评定是在 25℃的带空调的感官评定室的分隔间内进行的。对于卡仕达酱样品的评价，将 10 克样品放在塑料勺子上，小组成员将样品含在嘴里，评估味道，并对每种属性进行评分。他们在品尝不同样本间用商用矿泉水漱口。他们在一个三点线性刻度尺上完成了对每种属性的评分：–1.0，明显弱于对照组；0，与对照组相同；1.0，明显强于对照组。为了比较减脂样品和全脂模型，一半的小组成员使用减脂样品作为对照来评估全脂模型，另一半的小组成员使用全脂模型作为对照来评估减脂样品。样品的服务顺序是随机的和平衡的。根据《赫尔辛基宣言》的精神进行了人体感官分析，并获得了所有小组成员的知情同意。该实验程序得到了味之素食品科学与技术研究所伦理委员会的批准。

6. 统计分析

使用 JMP 版本 9.0（SAS Institute，Cary，NC，USA）进行统计分析。所有感官评定数据均以平均值±标准误差表示。数据分析采用配对 t 检验。经统计学处理，差异在 $P < 0.05$ 时被认为有统计学意义。

7.5.3 结果与讨论

1. 感官属性

在小组讨论期间，小组成员列出感官属性描述词，并就属性所表达的感觉达成了共识。最后，小组成员确定了 9 个属性：味觉浓厚度（在保持口感平衡的同时增强了味觉强度）、连续性（在品尝后 20 秒评估味觉强度）、甜味、回味（样品中所有味道属性品尝后 5 秒的总味觉强度）、鸡蛋味、香兰素味、奶油味、黏稠感和脂肪感。

2. 比较减脂和全脂卡仕达酱

减脂卡仕达酱和全脂卡仕达酱模型的对比如表 7.14 所示。全脂卡仕达酱在味觉浓厚度、连续性、回味、香兰素味和奶油味方面的得分明显高于减脂卡仕达酱。脱脂样品与全脂样品的咸味、甜味、苦味、光滑感和黏稠感均无显著差异。我们认为脂肪提高了卡仕达酱的口感特性，如味觉浓厚度、连续性、回味、香兰素味和奶油味。换言之，我们认为卡仕达酱中脂肪的主要感官功能是味觉浓厚度、连续性、回味、香兰素味和奶油味。感官属性及其定义如表 7.15 所示。味觉浓厚度定义为在保持口感平衡的同时，增强味觉强度。连续性定义为品尝后 20 秒的总味觉强度，回味定义为品尝后 5s 的总味觉强度。香兰素味被定义为使人联想到香草的风味强度。奶油味的定义是使人联想到奶油的风味强度。

表 7.14　减脂卡仕达酱与全脂模型卡仕达酱的比较试验结果

感官属性	全脂模型得分	显著性
味觉浓厚度	0.09 ± 0.05	#
连续性	0.10 ± 0.05	#
甜味	-0.03 ± 0.06	N.S.
回味	0.12 ± 0.06	*
鸡蛋味	0.09 ± 0.06	N.S.
香兰素味	0.16 ± 0.05	**
奶油味	0.18 ± 0.06	**
黏稠感	-0.01 ± 0.09	N.S.
脂肪感	0.09 ± 0.06	N.S.

注：数据以平均数±标准误差表示。
#, $P<0.1$, *, $P<0.05$, **, $P<0.01$。
N.S.表示不显著。

表 7.15　感官属性及其定义用于评价 γ-Glu-Val-Gly 对减脂卡仕达酱的影响

感官属性	定义
味觉浓厚度	在保持味觉平衡的同时，增强味觉强度
连续性	品尝后 20 秒的总味觉强度
回味	品尝后 5 秒内的总味觉强度
香兰素味	让人联想到香草的风味强度
奶油味	让人联想起奶油的风味强度

3. γ-Glu-Val-Gly 对减脂卡仕达酱的影响

为阐明 γ-Glu-Val-Gly 对减脂卡仕达酱感官品质的影响，对含 40ppm γ-Glu-Val-Gly 的减脂卡仕达酱进行了评价。感官评定结果如表 7.16 和图 7.5 所示。添加 γ-Glu-Val-Gly 显著提高了浓厚味的强度($P<0.05$)，并有增强口感和回味连续性的趋势($P<0.1$)。这些结果表明，γ-Glu-Val-Gly 的添加可以增加一些减脂卡仕达酱所缺乏的感觉，表明添加该肽可以改善减脂卡仕达酱的风味。

表 7.16　γ-Glu-Val-Gly 对低脂卡仕达酱的影响

感官属性	样品添加 γ-Glu-Val-Gly 后的得分	显著性
味觉浓厚度	0.086±0.033	*
连续性	0.070±0.032	*
回味	0.063±0.036	#
香兰素味	0.026±0.043	N.S.
奶油味	0.071±0.042	N.S.

注：数据以平均数±标准误差表示。
*, P<0.1, #, P<0.05。
N.S.表示不显著。

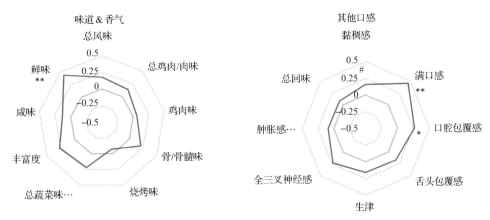

图 7.5　添加 γ-Glu-Val-Gly 的减脂卡仕达酱感官特征的雷达图
灰线表示对照组减脂卡仕达酱的平均得分。黑线表示添加 40ppm 的 γ-Glu-Val-Gly 的减脂卡仕达酱的平均得分
#, P<0.1，*, P<0.05，**, P<0.01

　　在含有奶油的食品中，已经对低脂冰激凌的感官特性进行了几项研究，之前的报告表明，低脂冰激凌在风味和与质地相关的属性，如奶油般质地和光滑感方面表现出较低的得分 (Abdel-Haleem & Awad, 2015; Azari-Anpar 等, 2017; de Souza Fernandes 等, 2017; Sharma 等, 2017; Zhang 等, 2018)。为了改善低脂冰激凌的感官特性，各种脂肪替代品，如西米粉 (Patel 等, 2010)、无壳大麦粉和大麦 β-葡聚糖 (Abdel-Haleem & Awad, 2015)、抗性淀粉和麦芽糊精 (Azari-Anpar 等, 2017)、木薯衍生品 (de Souza Fernandes 等, 2017)、柑橘纤维 (Zhang 等, 2018) 和柑橘果胶 (Zhang 等, 2018)，以及纳米细菌纤维素/大豆分离蛋白复合凝胶 (Guo 等, 2018) 已经过测试。Patel 等 (2010) 报道称，含有西米粉的低脂杧果冰激凌 (2.4%脂肪；全脂杧果冰激凌含 10.0%脂肪) 与全脂杧果冰激凌相比，风味、口感、质地和融化质量等感官特性没有明显差异。报道称，使用抗性淀粉和麦芽糊精可以改善色泽、质地和风味等感官特性。De Souza Fernandes 等 (2017) 报道称，使用木薯蔗渣和麦

芽糊精可以改善风味、色泽、外观、质地、口感等感官特性。Zhang 等人报道了含柑橘果胶的减脂冰激凌(减脂 45%)在外观、风味、口感、光滑感等方面与全脂冰激凌无显著性差异，但含柑橘果胶的减脂冰激凌的口腔覆盖感得分明显低于全脂冰激凌(Zhang 等，2018)。Guo 等(2018)报道，含有纳米细菌纤维素/大豆分离蛋白复合凝胶的低脂冰激凌的硬度、弹性、咀嚼性、凝聚力和回弹力等质构特征与全脂冰激凌没有明显差异。然而，在这些以往的研究中，脂肪替代品对细节感官特性的影响还没有被揭示。

对低脂冰激凌的描述性感官分析表明，低脂冰激凌(4.0%脂肪；全脂冰激凌含10.0%脂肪)在浓厚度、光滑感、奶油般质地、口腔覆盖感、熟糖味、牛奶味、炼乳味和牛奶回味方面得分较低(Liou & Grun, 2007)。本研究采用微粒状乳清蛋白浓缩物和聚葡萄糖粉末等脂肪模拟物制备低脂冰激凌，以改善冰激凌的风味和质构，结果表明，其浓厚度、光滑感、奶油般质地、熟糖味和炼乳味得分与全脂冰激凌无显著差异。然而，含有脂肪模拟物的低脂冰激凌的牛奶味和牛奶回味仍然低于全脂冰激凌(Liou & Grun, 2007)。

从本节显示的结果来看，γ-Glu-Val-Gly 有可能被用来改善其他含有脂肪模拟物或脂肪替代品的减脂食品的风味。为了评估这一可能性，有必要使用消费者评议小组进行偏好测试，目前我们实验室正在进行这项测试。γ-Glu-Val-Gly 对其他减脂食品的影响将在随后的小节中展示。

7.5.4 结论与启示

研究了 Kokumi 肽 γ-Glu-Val-Gly 对减脂卡仕达酱风味的影响。结果表明，γ-Glu-Val-Gly 的加入显著提高了味觉浓厚度，并有增强连续性和回味的趋势。这些结果表明，添加 γ-Glu-Val-Gly 可增加减脂卡仕达酱所缺乏的某些感官，提示添加该肽可改善减脂卡仕达酱的风味。

7.6 Kokumi 肽 γ-Glu-Val-Gly 对减脂法式
色拉酱感官特性的影响

7.6.1 引言

在前面的 7.4 节中，研究了 γ-Glu-Val-Gly 对减脂花生酱和减脂卡仕达酱感官特性的影响。结果表明，在减脂花生酱中添加 γ-Glu-Val-Gly(40ppm；162μmol/L)可显著提高其味觉浓厚度、回味强度和脂肪感。此外，当添加到减脂卡仕达酱中时，γ-Glu-Val-Gly(40ppm；162μmol/L)增强了口感的浓厚度和连续性。

正如之前的小节所提到的，肥胖人口增加的问题导致了各种减脂食品的开发和商业化。然而，一般而言，减脂食品的适口性低于全脂食品(McClements & Demetriades, 1998)。以前的研究表明，在减脂花生酱中添加一种有效的 Kokumi 肽 γ-Glu-Val-Gly，可以增加口感浓厚度、回味和脂肪感的强度。结果表明添加 γ-Glu-Val-Gly 可以改善减脂食品的风味。

色拉酱包括法式色拉酱、蛋黄酱和千岛色拉酱，是世界范围内一种常见的食品。色拉酱含油量高；法式色拉酱和千岛色拉酱的含油量一般在 40% 以上，传统蛋黄酱的含油量在 65% 以上。因此，它通常被认为是一种高脂肪、高热量的食物。人们对低脂色拉酱的制备进行了大量的研究，特别是在蛋黄酱类调味汁中。含有多糖胶的低脂蛋黄酱的制备和评价(Wendin 等, 1997)，乳清分离蛋白和果胶(Liu 等, 2007; Sun 等, 2018)，来自植物的黏液(Aghdaei 等, 2014; Bernardino-Nicanor 等, 2015; Fernandes & Mellado, 2018)，或挤压面糊(Roman 等, 2015)，以及通过双重乳化生产的低脂蛋黄酱(Yildrim 等, 2016)已有报道。含蔗糖聚酯乳化剂的法式色拉酱的制备与评价(Mellies 等, 1985)也有报道。

在本研究中，我们旨在阐明添加 γ-Glu-Val-Gly 是否会通过改变各种减脂食品的适口性来改变其风味。我们研究了 γ-Glu-Val-Gly 对减脂法式色拉酱的影响。

7.6.2　材料和方法

1. 制备 γ-Glu-Val-Gly

本研究中使用的 γ-Glu-Val-Gly 为食品添加剂等级(FEMA-GRAS 第 4709 号；FEMA：香精和提取物制造商协会；JECFA 食品调味品编号 2123；JECFA：FAO/WHAO 食品添加剂联合专家委员会)，从味之素股份有限公司获得(日本东京)，如前所述，通过化学合成方法制备(Ohsu 等, 2010)。

2. 减脂和全脂法式色拉酱的制备

减脂法式色拉酱(脂肪含量 15.0%)和全脂法式色拉酱(脂肪含量 37.5%)的原料如表 7.17 所示。每种法式色拉酱样品制备如下。将除豆油外的原料用轻便食品加工机 Bamix M-300(瑞士 ESGE AG)混合 2 分钟，在 85℃加热 10 分钟，用冰水冷却至室温。然后，加入大豆油，并使用实验室规模的均质机(Labolution, PriMix 公司，日本兵库市)在 10000r/min 下均质 2 分钟。准备好的法式色拉酱保存在 4℃ 的冰箱中，直到进行感官评价。

3. 感官评议小组

在本研究中，29 名小组成员[男 17 人，女 12 人；年龄(28.8±5.0)岁，平均值±标准偏差]参与了感官评价。所有的小组成员都是味之素上海食品研究技术中心

表 7.17 减脂法式色拉酱和全脂法式色拉酱的原料

材料	减脂/wt%	全脂模型/wt%
高果糖谷物糖浆	28.20	28.20
醋	23.10	23.10
大豆油	15.00	37.50
盐	2.20	2.20
羟丙基二淀粉磷酸酯	1.60	1.60
红椒粉	1.10	1.10
柠檬酸	0.40	0.40
黄原胶	0.60	0.28
乳化剂(聚氧乙烯山梨醇单硬脂酸酯)	0.40	0.40
烤蒜粉	0.40	0.40
番茄香精	0.60	0.60
柠檬香精	0.05	0.05
食品着色剂	2.40	2.40
水	23.95	1.77

的雇员，从事食品开发工作。他们是中国上海的居民。此外，他们都通过了使用前面描述的方法(Furukawa, 1977)进行的感官小组检查。19 名小组成员[男 13 人，女 6 人；年龄(29.9±5.3)岁，平均值±标准偏差]参与评估。

4. 感官属性的选择

小组成员评估了减脂法式色拉酱和全脂法式色拉酱的样品。一位小组组长带领小组讨论了样品之间的差异和相似之处。他们开发了一系列感官属性词来描述产品的感官特征。

5. 感官评定步骤

感官评定是在上午 10:00～11:30，在 25℃配有空调的感官评定室隔间中进行的。对于样品的评估，将 15g 法式色拉酱样品与 25g 切好的生菜混合，小组成员将样品含在嘴里，评估味道，并对每种属性进行评分。他们在评价不同样品时要先用商用矿泉水漱口。他们在一个三点线性刻度尺上完成了每种属性的评分：–1.0，明显弱于对照组；0，与对照组相同；1.0，明显强于对照组。样品组合是随机和平衡的。根据《赫尔辛基宣言》的精神进行了人体感官分析，并获得了所有小组成员的知情同意。该实验程序得到了味之素食品科学与技术研究所伦理委员会的批准。

6. 统计分析

使用 JMP 版本 9.0(SAS Institute，Cary，NC，USA)进行统计分析。所有感官评定数据均以平均值±标准误差表示。数据采用配对 t 检验。差异在 $P<0.05$ 时被认为有统计学意义。

7.6.3　结果与讨论

1. 感官属性的选择

所有小组成员都对全脂法式色拉酱和减脂法式色拉酱进行了比较，并选择了减脂法式色拉酱所缺乏的感官属性。在小组讨论中，小组成员确定了感官属性描述词，并对属性所表达的感觉达成了共识。最后，小组成员开发了五个属性：辛辣味、味觉浓厚度(在保持口感平衡的情况下增强味觉强度)、初始味觉、回味(样品中所有味道摄入 5 秒后的总回味强度)和光滑感。辛辣味被定义为让人联想到香料的味觉强度，特别是辣椒和大蒜。味觉浓厚度定义为在保持味觉平衡的同时，增强味觉强度。初始味觉被定义为样品中所有风味品尝后 1 秒内的总味觉强度。回味被定义为样品中所有风味品尝后 5 秒内的总味觉强度。光滑感被定义为油滑的感觉。感官属性及其定义如表 7.18 所示。

表 7.18　用于评估 γ-Glu-Val-Gly 对减脂法式色拉酱影响的感官属性及其定义

感官属性	定义
辛辣味	让人联想到香料的味觉强度，特别是辣椒和大蒜
味觉浓厚度	在保持味觉平衡的同时，增强味觉强度
初始味觉	品尝后 1 秒内的总味觉强度
回味	品尝后 5 秒内的总味觉强度
光滑感	油滑的感觉

2. 添加 γ-Glu-Val-Gly 对法式减脂色拉酱的影响

为了阐明 γ-Glu-Val-Gly 对减脂法式色拉酱感官特性的影响，对添加 40ppm γ-Glu-Val-Gly 的减脂法式色拉酱进行了评价。感官评定结果如表 7.19 和图 7.6 所示。添加 γ-Glu-Val-Gly 可显著提高回味强度($P<0.05$)，并有提高味觉浓厚度和初始味觉的趋势($P<0.1$)。这些结果表明，γ-Glu-Val-Gly 的添加增加了减脂法式色拉酱所缺乏的某些感觉，提示该肽的添加可以用于减脂法式色拉酱的风味改善。

表 7.19   γ-Glu-Val-Gly 对减脂法式色拉酱的影响

感官属性	γ-Glu-Val-Gly 的样品得分	显著性
辛辣味	0.05±0.04	N.S.
味觉浓厚度	0.07±0.04	#
初始味觉	0.07±0.04	#
回味	0.08±0.03	*
光滑感	0.01±0.04	N.S.

注：*，$P<0.05$；#，$P<0.1$。

数据显示为平均值±标准误差。

N.S.表示不显著。

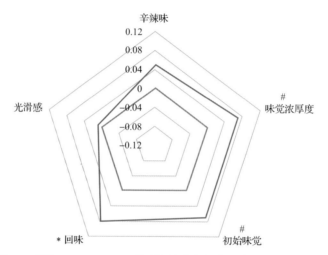

图 7.6   添加 γ-Glu-Val-Gly 的减脂法式色拉酱的感官特性的雷达图

灰线表示对照的减脂法式色拉酱的平均分数。黑线表示添加 40ppm 的 γ-Glu-Val-Gly 的减脂法式色拉酱的平均分数

#，$P<0.1$；*，$P<0.05$

如前所述，含有多糖胶的低脂蛋黄酱的制备和评价（Wendin 等，1997），乳清分离蛋白和果胶（Liu 等，2007; Sun 等，2018），来自植物的黏液（Aghdaei 等，2014; Bernardino-Nicanor 等，2015; Fernandes & Mellado, 2018），或挤压面糊（Roman 等，2015），以及通过双重乳化生产的低脂蛋黄酱（Yildrim 等，2016）已有报道。虽然这些研究许多都集中在理化性质上，但是，对含有脂肪模拟物或脂肪替代品的低脂蛋黄酱的感官评价已经在几个研究中进行了。Liu 等（2007）研究了含有各种脂肪模拟物的低脂蛋黄酱的流变学、质构和感官特性，并报道了含有果胶弱凝胶的低脂蛋黄酱（40%脂肪；全脂蛋黄酱含 80%脂肪）在气味、质地、口感和可接受性方面几乎与全脂蛋黄酱相似。Aghdaei 等（2014）报道称，含有伊斯法尔泽种子黏液的低脂蛋黄酱（含 46.8%脂肪；全脂蛋黄酱含有 78%脂肪）的气味、质地、味道和

口感等感官得分与全脂蛋黄酱没有显著差异。Su 等(2010)报道，含有黄原胶和瓜尔豆胶的低脂蛋黄酱(含 36.5%脂肪；全脂蛋黄酱含有 73%脂肪)的香气、口感和油腻感等感官得分与全脂蛋黄酱没有显著差异。然而，在这些先前的研究中，脂肪替代品或脂肪模拟物对细节感官特征的影响还没有被揭示。

从本部分的结果可以看出，γ-Glu-Val-Gly 有可能用于改善含有脂肪替代品或脂肪模拟物的色拉酱的风味。

7.6.4　结论与启示

本节研究了 Kokumi 肽 γ-Glu-Val-Gly 对减脂法式色拉酱风味的影响。结果表明，γ-Glu-Val-Gly 的加入显著提高了口感浓厚度，并有增强连续性和回味的趋势。这些结果表明，添加 γ-Glu-Val-Gly 增加了减脂法式色拉酱所缺乏的某些感觉，表明添加该肽可以改善减脂法式色拉酱的风味。

7.7　各种发酵食品中的一种 Kokumi 肽 γ-Glu-Val-Gly 对发酵食品感官品质的可能贡献

7.7.1　摘要

采用高效液相色谱-串联质谱(LC/MS/MS)对多种发酵食品中的 γ-Glu-Val-Gly 进行了鉴定和定量分析。该肽广泛存在于鱼酱、酱油、虾酱等发酵调味品中。在酿造的酒精饮料中，啤酒中检出了 γ-Glu-Val-Gly。此外，γ-Glu-Val-Gly 的含量与深色酱油的质量等级呈正相关(相关系数 $\rho=0.810$，$P < 0.05$)。这些结果表明，γ-Glu-Val-Gly 在发酵食品中分布广泛，其含量可以作为发酵食品感官质量的一个指标。

7.7.2　引言

最近的研究表明，谷胱甘肽等 Kokumi 物质在人类中是通过钙敏感受体(CaSR)被接受的(Ohsu 等，2010; Maruyama 等，2012)。这些研究证实，谷胱甘肽可以激活人的 CaSR，几种谷氨酰肽(γ-Glamyl)也可以激活 CaSR，这些肽具有 Kokumi 物质的特征，即当它们被添加到基本的味液或食物中时，可以改变五种基本的味道，特别是甜、咸和鲜味，即使这些物质在测试的浓度下本身没有味道(Ueda 等，1997; Dunkel 等，2007; Ohsu 等，2010)，但在这些 Kokumi 肽中，γ-Glu-Val-Gly 已被报道为一种有效的 Kokumi 肽(Ohsu 等，2010)。在本研究中，我们调查了 γ-Glu-Val-Gly 在各种食物中的分布。由于食品中 γ-Glu-Val-Gly 的含量很低，通过修改先前报告的方法(Armenta 等，2010)，建立了用 6-氨基喹啉-N-羟基琥珀酰亚胺基氨基甲酸酯试剂衍生化 LC/MS/MS 测定和定量该肽的新方法 (Kuroda 等, 2012a, b; 2013)。本研究检测了各种发酵食品中 γ-Glu-Val-Gly 的存在和含量。此外，还讨论了 γ-Glu-Val-Gly 对发酵食品感官品质贡献的可能性。

7.7.3 材料和方法

1. 材料

本研究中使用的 γ-Glu-Val-Gly 是通过化学合成制备的，如先前已报道的 (Ohsu 等, 2010)。^{15}N 标记的 L-精氨酸 (Arg-UN) 和 L-脯氨酸-d7 (Pro-d7) 均从日本东京索泰克公司获得。AccQ Fluor 试剂盒从 Waters (美国马萨诸塞州米尔福德) 购买。其他试剂是分析级的。商品鱼酱、酱油、发酵虾酱和啤酒都是从当地市场购买的。

2. 样品制备和衍生过程

样品通过 0.45-μm 注射器过滤器 (25-mm GD/X 一次性过滤器，Whatman PLC，英国梅德斯通) 过滤。然后将滤液在 7500g 和 4℃下通过 Amicon Ultra 离心过滤器 (再生纤维素 10000MWCO，美国米利波尔) 15 分钟。根据制造商的规程，使用 AccQ Fluor 试剂盒 (微孔) 进行 AQC 的衍生化。

3. AQC 衍生物 γ-Glu-Val-Gly 的鉴定和定量

鉴定和定量如先前报道的进行 (Kuroda 等, 2012b, 2013; Miyamura 等, 2014、2015a, b)。采用高效液相色谱法，以十八烷基硅胶柱分离水提物衍生的 γ-Glu-Val-Gly。采用 6 个多反应监测 (MRM) 过渡通道的多反应监测方法对 AQC 衍生物 γ-Glu-Val-Gly 的峰进行了鉴定。前驱体离子/产物离子 (Q1/Q3) 和碰撞能 [CE(V)] 之和分别为 474.2/171.2 (51V)、474.2/145.3 (30V)、474.2/300.3 (30V)、474.2/229.4 (20V)、474.2/304.0 (20V) 和 474.2/72.1 (50V)。采用最灵敏的通道 (474.2/171.2；Q1/Q3) 用内标法对样品中 AQC 衍生物 γ-Glu-Val-Gly 定量。分别在 MRM 过渡通道的 349.0/171.1 (Q1/Q3) 和 293.0/171.1 (Q1/Q3) 点对内标物 (Arg-UN 和 Pro-d7) 监测。γ-Glu-Val-Gly 的典型质谱如图 7.7 所示。

4. 统计分析

用 STAT-VIEW 版本 5.0 软件进行 Spearman's 等级相关检验，分析 γ-Glu-Val-Gly 含量与酱油质量等级的相关性。

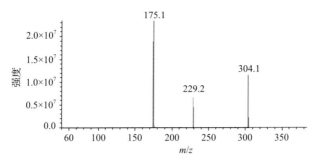

图 7.7 从标准 γ-Glu-Val-Gly 的 AQC 衍生物获得的典型质谱。标出了每个碎片离子的分配

7.7.4 结果与讨论

1. γ-Glu-Val-Gly 在各种发酵食品中的分布

对来自东南亚、东亚和欧洲的 17 个品牌的商品鱼酱中该肽的含量进行了量化,结果如表 7.20 所示。越南鱼酱的含量范围为 10.4~12.6mg/L,平均为 11.6mg/L,泰国鱼酱的含量为 1.2~3.1mg/L,平均含量为 2.3mg/L。在两种中国鱼酱中,一种中 γ-Glu-Val-Gly 含量为 1.1mg/L。四种日本鱼酱中有两种的 γ-Glu-Val-Gly 含量分别为 2.8mg/L 和 0.5mg/L(平均含量为 0.8mg/L,n=0.4)。意大利鱼酱(garum)的 γ-Glu-Val-Gly 含量为 0.4mg/L,说明各种鱼酱中都含有 γ-Glu-Val-Gly。γ-Glu-Val-Gly 分布在日本商业酱油中,浓度范围为 1.5~6.1mg/L,如表 7.21 所示(Kuroda 等,2012b)。深色酱油的含量为 3.1~6.1mg/L(n=6),浅色酱油的含量为 3.4~3.7mg/L(n=2)。白酱油样品含量为 1.5mg/L(n=1)。这些结果表明 γ-Glu-Val-Gly 存在于酱油中。如表 7.22 所示,来自东南亚的商业发酵虾酱调味品(n=3)含有该肽的浓度为 0.9~5.2mg/kg 不等(Miyamura 等,2014)。其次,分析了葡萄酒、米酒(清酒)和啤酒等酿造品中 γ-Glu-Val-Gly 的含量。分析表明,γ-Glu-Val-Gly 存在于所有啤酒样品(n=8)中,浓度为 0.08~0.18mg/L,如表 7.23 所示(Miyamura 等,2015a, b)。在上发酵啤酒(n=2)中,该肽的含量分别为 0.09mg/L 和 0.11mg/L(平均含量=0.11mg/L),而在下发酵啤酒(n=6)中,该肽的含量为 0.08~0.15mg/L 之间(平均含量=0.12mg/L,n=6)。然而,在任何葡萄酒或黄酒样品中都没有检测到该肽(Miyamura 等,2015a, b)。分析数据汇总在表 7.24 中。γ-Glu-Val-Gly 在鱼酱中的平均含量为 4.4mg/L,在酱油中为 4.0mg/L,在发酵虾酱中为 2.4mg/L,在啤酒中为 0.12mg/L,说明 γ-Glu-Val-Gly 在鱼酱、酱油、发酵虾酱和啤酒等发酵食品中分布广泛。此外,还发现发酵调味品如鱼酱、酱油、发酵虾酱中的 γ-Glu-Val-Gly 含量高于啤酒等酿造品。含量的变化可能是由于原料、发酵条件等不同所致。然而,γ-Glu-Val-Gly 含量变化背后的原因还有待进一步调查。

表 7.20　鱼酱特性及鱼酱中 γ-Glu-Val-Gly 的含量

样品	原产地	原材料	γ-Glu-Val-Gly 含量/(mg/L)
Nampra A	泰国	鳀鱼、盐	2.7
Nampra B	泰国	鳀鱼、盐、糖	1.2
Nampra C	泰国	鳀鱼、盐	3.1
Nampra D	泰国	鳀鱼、盐、糖	2.0
Nampra E	泰国	鳀鱼、盐、糖	2.3
Nuoc mum A	越南	鳀鱼、盐	12.0
Nuoc mum B	越南	鳀鱼、盐	12.6
Nuoc mum C	越南	鳀鱼、盐	12.3
Nuoc mum D	越南	鳀鱼、盐	10.6
Nuoc mum E	越南	鳀鱼、盐	10.4
Patis	菲律宾	鲭鱼、盐	<LOQ
Yu-lu A	中国	鱼、盐	<LOQ
Yu-lu B	中国	鱼、盐	1.1
Myoruchi extract	韩国	沙丁鱼、盐	<LOQ
Kanari extract	韩国	玉筋鱼、盐	<LOQ
Shottsuru A	日本	沙鱼、盐	2.8
Shottsuru B	日本	沙鱼、盐	<LOQ
Yoshiru	日本	沙丁鱼、盐	<LOQ
Ikanago-shoyu	日本	沙鱼、盐	0.5
Garum	意大利	凤尾鱼、盐	0.4

注：LOQ 表示定量限。

表 7.21　商品酱油中 γ-Glu-Val-Gly 含量

样品	等级	原材料	γ-Glu-Val-Gly 含量/(mg/L)
深色酱油 A	高级	大豆、小麦、盐	5.2
深色酱油 B	高级	大豆、小麦、盐	5.3
深色酱油 C	普通	脱脂大豆、小麦、盐、大豆、乙醇	4.3
深色酱油 D	普通	脱脂大豆、小麦、盐、大豆、乙醇	3.1
深色酱油 E	特级	脱脂大豆、小麦、盐、大豆	6.1
深色酱油 F	高级	大豆、小麦、盐	3.6
浅色酱油 A	普通	盐、大豆、小麦、乙醇	3.7
浅色酱油 B	普通	大豆、小麦、大米、盐、乙醇	3.4
白酱油	普通	小麦、大豆、盐、乙醇	1.5

表 7.22　各种发酵虾酱调味品中 γ-Glu-Val-Gly 的含量

样品	原产地	γ-Glu-Val-Gly 含量[*]/(mg/kg)
Terasi	印度尼西亚	5.2±0.3
Bagoong	菲律宾	1.0±0.1
虾酱	中国	0.9±0.1

[*] 平均值±标准偏差($n=3$)。

表 7.23　不同酒精饮料中 γ-Glu-Val-Gly 含量

样品	原产地	γ-Glu-Val-Gly 含量/(mg/L)[a]
白葡萄酒 A	日本	n.d.[b]
白葡萄酒 B	法国	n.d.
红葡萄酒 A	日本	n.d.
红葡萄酒 B	法国	n.d.
米酒(日本米酒)A	日本	n.d.
米酒(日本米酒)B	日本	n.d.
米酒(日本米酒)C	日本	n.d.
米酒(日本米酒)D	日本	n.d.
啤酒 A	英国	0.13±0.009
啤酒 B	意大利	0.18±0.011
啤酒 C	日本	0.10±0.006
啤酒 D	法国	0.09±0.004
啤酒 E	西班牙	0.15±0.008
啤酒 F	德国	0.09±0.011
啤酒 G	比利时	0.11±0.004
啤酒 H	德国	0.08±0.007

注：检出限(葡萄酒和米酒)=0.03mg/L。
检出限(啤酒)=0.01mg/L。
a 平均值±标准偏差($n=4$)。
b n.d.未检测。

表 7.24　各种发酵食品中 γ-Glu-Val-Gly 含量

样品	样品量(n)	γ-Glu-Val-Gly 含量/(mg/L)		
		平均值	最小值	最大值
鱼酱				
总数	17	4.4	<LOQ	12.6
Nampra(泰国)	5	2.3	1.2	2.7
Nuoc mum(越南)	5	11.6	10.4	12.6
鱼露(中国)	2	0.6	<LOQ	1.1
日本鱼酱	4	0.8	<LOQ	2.8
鱼酱油(意大利)	1	0.4	0.4	0.4

续表

样品	样品量(*n*)	γ-Glu-Val-Gly 含量/(mg/L)		
		平均值	最小值	最大值
酱油(日本)				
总数	9	4.0	1.5	5.3
深色酱油	6	4.6	3.1	5.3
浅色酱油	2	3.6	3.4	3.7
白酱油	1	1.5	1.5	1.5
发酵虾酱				
总数	3	2.4	0.9	5.2
Terasi(印度尼西亚)	1	5.2	5.2	5.2
Bagoong(菲律宾)	1	1.0	1.0	1.0
虾酱(中国)	1	0.9	0.9	0.9
啤酒				
总数	8	0.12	0.08	0.15
上发酵啤酒	2	0.11	0.09	0.11
下发酵啤酒	6	0.12	0.08	0.15

注：LOQ 表示定量限。

2. γ-Glu-Val-Gly 含量与产品质量等级的相关性

为阐明 γ-Glu-Val-Gly 对各种发酵食品感官品质的贡献，研究了该肽含量与酱油品质指数(Yokotsuka, 1986)的相关性。如表 7.25 所示，日本深色酱油(北口酱油)根据总含氮量分为三类，特制酱油、高级酱油和标准酱油(Yokotsuka, 1961)。另外，特制酱油分为超超级、超级、普通级三个档次。本研究测试的六种深色酱油均为特制酱油，包括 1 种超超级品、3 种超级品和 2 种普通级品。γ-Glu-Val-Gly 含量以超超级品最高(6.1mg/L)，其次是超级品(平均含量=4.7mg/L)和普通级(平均含量=3.7mg/L)。Spearman 等级相关检验表明，γ-Glu-Val-Gly 含量与商品酱油质量等级呈正相关(相关系数 ρ=0.810，P < 0.05)(图 7.8)。这些结果表明，γ-Glu-Val-Gly 对发酵食品的感官品质有贡献。

本实验室正在对其他发酵食品中 γ-Glu-Val-Gly 的含量及其对食品品质的贡献进行研究。

7.7.5 结论

用 LC/MS/MS 分析了各种食品中 γ-Glu-Val-Gly 的含量，并用水相色谱衍生化，定量分析表明 γ-Glu-Val-Gly 分布于各种发酵食品中，如鱼酱、酱油、发酵虾酱、啤酒等。此外，该肽的含量与酱油的质量等级呈正相关，提示 γ-Glu-Val-Gly 对发酵食品的感官品质有贡献。

表 7.25   日本酱油标准

酱油种类	分类	等级	含量/(g/dL)	
			总氮	提取物干物质
深色的	标准		>1.20	-
	高级		>1.35	>14
	特制	普通级	>1.50	>16
		超级	>1.65	>16
		超超级	>1.80	>16
浅色的	标准		>0.95	-
	高级		>1.05	>12
	特制	普通级	>1.15	>14
		超级	>1.15	>15.4
		超超级	>1.15	>16.8
浅色的	标准		<0.90	>10
	高级		<0.90	>13
	特制	普通级	<0.80	>16
		超级	<0.80	>17.6
		超超级	<0.80	>19.2

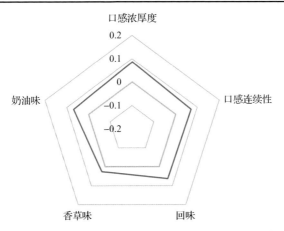

图 7.8   *γ*-Glu-Val-Gly 含量与深色酱油质量的相关性

每个条形表示平均值，而图则表示每个样品中的含量

7.8   一般性讨论

本章研究了 Kokumi 肽 *γ*-谷氨酰-缬氨酰-甘氨酸(*γ*-Glu-Val-Gly)对各种食品感官特性的影响。

在 7.1 节(背景)和 7.7 节中描述了 Kokumi 肽 γ-谷氨酰肽在食品中的分布以及 γ-Glu-Val-Gly 在各种发酵食品中的分布。此外,7.7 节的结果表明,γ-Glu-Val-Gly 的含量与酱油的质量等级呈正相关,这说明 γ-Glu-Val-Gly 对发酵食品的感官品质有一定的贡献。

在 7.2 节中,将具有代表性的 Kokumi 肽谷胱甘肽(GSH)和 γ-Glu-Val-Gly 添加到由市售鸡肉清汤粉制成的鸡汤中,并对其感官效果进行了比较。如图 7.2 所示,谷胱甘肽和 γ-Glu-Val-Gly 都增加了"连续性"(品尝后 20 秒的味觉强度)、"满口感"(整个嘴巴而不仅仅是舌头的味觉增强)和"浓厚感"(品尝后 5 秒的味觉强度)的强度。这一结果表明,γ-Glu-Val-Gly 也具有 Kokumi 物质的感官特性。结果表明,20ppm(66.0μmol/L)的 γ-Glu-Val-Gly 与 200ppm(651μmol/L)的 GSH 的作用几乎相同,因此认为 γ-Glu-Val-Gly 是一种有效的 Kokumi 物质。

在 7.3 节中,研究了 γ-Glu-Val-Gly 对手工鸡肉清汤感官特性的影响。评价采用描述性方法进行。选择感官属性,并通过感官小组讨论确定每个属性的定义和参照物。结果,选择了 17 个属性,其中 9 个是风味属性,8 个是其他口感属性。特别是,除了鸡肉上的属性外,由于小组成员在特定项目的小组定向会议中评价添加有 γ-Glu-Val-Gly 的鸡肉清汤时,覆盖的感觉得到了很好地识别,因此在列表中增加了"口腔覆盖感"和"舌头覆盖感"属性。"口腔覆盖感"被定义为口腔中有难以清除的残留物、浮油、粉状或脂肪层或膜的程度。"舌头覆盖感"被定义为舌苔上有难以清除的残留物、浮油、粉状或脂肪层或膜的程度。总体而言,小组成员定义了表 7.2 所列鸡肉清汤的 17 个感官属性:9 个味觉和风味属性(总风味、总鸡肉/肉味、鸡肉味、骨髓味、烧烤味、总蔬菜味、丰富度、咸味和鲜味),7 个质感/口感属性(黏稠感、满口感、口腔覆盖感、舌头覆盖感、全三叉神经感、生津感、软组织肿胀感),以及 1 个回味(总回味)。这些感官属性的定义和参照物如表 7.6 所示。5ppm(16.5μmol/L)γ-Glu-Val-Gly 对鸡肉清汤的额外影响如表 7.7 和图 7.3 所示。γ-Glu-Val-Gly 可显著增加鲜味、满口感和口腔覆盖感的强度,并有增加黏稠感的趋势。最近的一项研究表明,如果将 Kokumi 肽(如 GSH 和 Glu-Val-Gly)添加到 0.5% 的 MSG 溶液中(Ohsu 等,2010),可以提高鲜味的强度,这一观察结果与本研究一致。此外,在描述性分析中,鲜味不仅被定义为"味精的味道",而且还被定义为"一种化合物的满口感,如谷氨酸盐,它是美味的、肉汤的、多肉的、丰富的、饱满的和复杂的,这在许多食物中都是常见的,如酱油、高汤、熟奶酪、贝类、蘑菇、成熟的番茄、腰果和芦笋。"因此,鸡肉清汤中鲜味的增强看来包括丰富感和复杂感等感觉的增强。目前的结果还表明,γ-Glu-Val-Gly 也能增强满口感。7.2 节的一项研究表明,20ppm 的 γ-Glu-Val-Gly 添加到由市售鸡肉清汤粉制成的鸡汤中可显著提高满口感,这与本研究一致(Ohsu 等,2010)。在 7.2 节中,满口感的定义是整个口腔而不仅仅是舌头的味觉增强,而在 7.3 节中,它的定义是当样品被放在口中时，样品充满整个口腔、正在扩散或正在增强的感觉，一种浓郁的感觉。这些表达是相似的，表明 7.2 节研究中的小组成员(经过培训的日本评价员)和 7.3 节研究中的感官人员(经过培训的美国居民小组成员)都可以感受到鸡肉清汤中添加 γ-Glu-Val-Gly 所带来的满口感的增强。在这两个研究中，添加的水平是不同的，这是由于鸡肉清汤的组成不同。关于其他 γ-谷氨酰肽，据报道，几种 Kokumi γ-谷氨酰肽可以增强食品体系的满口感。Ueda 等(1997)报道，GSH(γ-Glu-Cys-Gly)的添加增加了牛肉提取物模型的满口感强度。此外，Ohsu 等(2010)也报道，添加 GSH 增加了鸡肉清汤的满口感。此外，据报道，γ-谷氨酰肽，如在食用豆类中发现的 Kokumi 活性肽，γ-Glu-Val，γ-Glu-Leu 和 γ-Glu-Cys-β-Ala，当它们被添加到鸡肉清汤中时，可以增加鸡肉清汤满口感(Dunkel 等，2007)。此外，据报道，γ-Glu-Glu-Glu、γ-Glu-Gly、γ-Glu-His、γ-Glu-Gln、γ-Glu-Met 和 γ-Glu-Leu 是使成熟高达奶酪满口感持久的关键成分。从这些观察中可以看出，许多 Kokumi γ-谷氨酰肽添加到鸡肉清汤中时会增加满口感。此外，7.2 和 7.3 节中的结果指出 γ-Glu-Val-Gly 在添加到鸡肉清汤中时也能增加满口感的强度。并且，添加 5ppm 的 γ-Glu-Val-Gly 显著增加了口腔覆盖感的强度。众所周知，口腔覆盖感是通过添加水状胶体如黄原胶、刺槐豆胶和卡拉胶(Arocas 等，2010; Flett 等，2010)，以及含脂肪的食物材料如乳制品中的脂肪乳胶(Flett 等，2010)。尽管有这些观察，但还没有关于一种表现口腔覆盖感的肽的报道。因此，这是首次报道，证实了 γ-Glu-Val-Gly 肽的口腔覆盖效果。此外，该肽的加入有增加黏稠感强度的趋势。虽然添加 5ppm 的 γ-Glu-Val-Gly 没有显著改变鸡肉清汤的黏稠度(数据未显示)，但观察到了口腔覆盖感的增强和黏稠度增加的趋势。这种增强的机制是令人感兴趣的，应该通过进一步的研究来阐明。

通过 19 名受过培训的中国小组成员，研究了 γ-Glu-Val-Gly 对减脂花生酱的影响。在本研究中，将 40ppm(132μmol/L)的 γ-Glu-Val-Gly 添加到减脂花生酱中，并通过描述性分析进行评价。感官评价采用花生味、味觉浓厚度、回味、连续性和脂肪感 5 个感官属性。花生味被定义为使人想起花生的味道；味觉浓厚度定义为在保持味觉平衡的同时，增强味觉强度；回味定义为品尝后 5 秒的总味觉强度；连续性定义为品尝后 20 秒的总味觉强度；脂肪感定义为油腻的口腔覆盖感。如表 7.12 和图 7.4 所示，添加 40ppm(132μmol/L)的 γ-Glu-Val-Gly 显著增加了味觉浓厚度、回味和脂肪感的强度。与 γ-Glu-Val-Gly 对市售鸡肉清汤制成的鸡汤影响的结果相似(7.2 节)，γ-Glu-Val-Gly 增加了味觉浓厚度的强度，表明该肽均能提高咸味和甜味食品的味觉浓厚度。有趣的是，添加 γ-Glu-Val-Gly 增加了脂肪感的强度，这在减脂花生酱中定义为油腻的口腔覆盖感，尽管添加 40ppm 的 γ-Glu-Val-Gly 没有明显改变花生酱的黏稠度(数据未显示)。如上所述，该肽增加了手工鸡肉清汤的口腔覆盖感的强度(7.3 节)。因此，我们认为 γ-Glu-Val-Gly 在鸡肉清汤和减脂花生酱中都能增强口腔覆盖感。在对减脂花生酱的评价中，添加 γ-Glu-Val-Gly 的浓度为 40ppm（132μmol/L），通过初步试验确定了该浓度为适宜的浓度。添加水平高于手工鸡肉清汤（5ppm；16.5μmol/L）。虽然具体原因尚未阐明，但适宜浓度的差异是由于食物成分的不同造成的。

19 名受过培训的中国小组成员研究了 γ-Glu-Val-Gly 对减脂法式色拉酱的影响。在这项研究中，将 40ppm（132μmol/L）的 γ-Glu-Val-Gly 添加到减脂法式色拉酱中，并通过描述性分析进行评价。辛辣味、味觉浓厚度、初始味觉、回味、光滑感 5 个属性被用于感官评价。辛辣味被定义为让人联想到香料的味觉强度，特别是辣椒和大蒜；味觉浓厚度定义为在保持味觉平衡的同时，增强味觉强度；初始味觉定义为品尝后 1 秒内的总味觉强度；回味定义为品尝后 5 秒内的总味觉强度；光滑感定义为油滑的感觉。如表 7.20 和图 7.6 所示，添加 40ppm（132ppm）γ-Glu-Val-Gly 显著增加了回味的强度，并有增加初始味觉的趋势。与 γ-Glu-Val-Gly 对市售鸡肉清汤粉制成的鸡汤影响的结果相似（7.2 节），γ-Glu-Val-Gly 增加了回味的强度，表明该肽能增强减脂法式色拉酱中的回味。在对减脂法式色拉酱的评价中，添加 γ-Glu-Val-Gly 的浓度为 40ppm（132μmol/L），通过初步试验确定了该浓度为适宜的浓度。添加水平高于手工鸡肉清汤（5ppm；16.5μmol/L）。虽然具体原因尚未阐明，但适宜浓度的差异是由于食物成分的不同造成的。

通过描述性分析评价了 γ-Glu-Val-Gly 对手工鸡肉清汤、减脂花生酱、减脂卡仕达酱和减脂法式色拉酱等食品的影响。添加该肽提高了鸡肉清汤中的鲜味、满口感和口腔覆盖感；提高了减脂花生酱的味觉浓厚度、回味和脂肪感（油腻的口腔覆盖感）；提高了减脂卡仕达酱的浓厚感；并提高了减脂法式色拉酱的回味。这些结果表明，该肽可以改善咸味和甜味食品的风味。Yamaguchi 和 Kimizuka（1979）报告说，在牛肉清汤或鸡汤（鸡肉清汤、鸡肉面汤和鸡汤奶油）中添加味精（MSG）可以提高连续性、满口感和浓厚度。这些结果表明，MSG，一种鲜味物质，不仅提高了鲜味（味精水溶液的味道）的强度，而且还提高了连续性、满口感和浓厚度，以及与 Koku 相关的属性。因此，MSG 可以作为一种给予 Koku 的物质。Yamaguchi 和 Kimizuka（1979）还报告说，在焦糖卡仕达酱或巴伐利亚奶油中添加糖增加了连续性、满口感和浓厚度的强度，这表明糖（蔗糖），一种甜味剂，不仅增加了甜味的强度，而且增加了连续性、满口感和浓厚度，以及与 Koku 相关的属性。因此，糖（蔗糖）可以作为一种给予 Koku 的物质。然而，因为 MSG 和糖本身就有味道，所以味精通常用在咸味食品中，而糖通常用在甜味食品中。另一方面，γ-Glu-Val-Gly，一种 Kokumi 物质，增强了 Koku 相关的属性，例如在咸味和甜味食品中的满口感和味觉浓厚度，因为以感官评价中的浓度，它本身就没有味道。这是 Kokumi 物质的独特之处。

本章研究表明，使用 Kokumi 肽、γ-Glu-Val-Gly，可能改善各种食品的风味，包括咸味和甜味食品。更远地，应通过 Kokumi 物质的感知机制的研究对该肽的潜力深入挖掘。

致谢 我们衷心感谢味之素股份有限公司的 Kiyoshi Miwa 博士、Tohru Kouda 博士和 Yuzuru Eto 博士对这项工作的鼓励和持续支持。我们感谢国家食品实验室有限责任公司的莎伦·麦克沃伊女士和道恩·查普曼博士的合作和宝贵的讨论。我们感谢上海味之素研发中心的杨晓青女士和陶伟女士的合作。我们衷心感谢宫野弘博士、木川敏美博士、加山直子女士、加藤宇美子女士、山崎纯子女士和凯宇子女士。我们感谢味之素股份有限公司的川松中松博士、川崎广也博士、长崎广崎先生、山中智彦先生、船中健先生、今田俊文先生、宫崎隆先生、田岛隆夫先生、赵水一先生、佐崎凯田先生和广罗斯女士的协助。我们感谢参与感官评估的小组成员。

参 考 文 献

Abdel-Haleem A M, Awad R A (2015) Some quality attributes of low fat ice cream substituted with hulless barley flour and barley β-glucan. J Food Sci Technol 52: 6425-6434

Aghdaei S S A, Aslami M, Geefan S B, Ranjbar A (2014) Application of Isfarzeh seed (*Plantago ovate* L.) mucilage as a fat mimetics in mayonnaise. J Food Sci Technol 51: 2748-2754

Amelia I, Drake M A, Nelson B, Barbano D M (2013) A new method for the production of low-fat Cheddar cheese. J Dairy Sci 96: 4870-4884

Armenta J M, Cortes D F, Pisciotta J M, Shuman J L, Blakeslee K, Rasoloson D (2010) Sensitive and rapid method for amino acid quantification in Malaria biological samples using AccQ-Tag ultra performance liquid chromatography-electrospray ionization-MS/MS with multiple reaction monitoring. Anal Chem 82: 548-558

Arocas A, Sanz T, Varela P, Fiszman S M (2010) Sensory properties determined by starch type in white sauces: effects of freeze/thaw and hydrocolloid addition. J Food Sci 75: S132-S140

Azari-Anpar M, Khomeiri M, Ghafouri-Oskuei H, Aghajani N (2017) Response surface optimization of low-fat ice cream production by using resistant starch and maltodextrin as a fat replacing agent. J Food Sci Technol 54: 1175-1183

Bernardino-Nicanor A, Hinojosa-Hernandez E N, Juarez-Goiz J M S, Montanez-Soto J L, Ramirez-Ortiz M E, Gonzalez-Cruz L (2015) Quality of *Opuntia robusta* and its use in development of mayonnaise like product. J Food Sci Technol 52: 343-350

Dawid C, Hofmann T (2012) Identification of sensory-active phytochemicals in asparagus (*Asparagus officinalis* L.). J Agric Food Chem 60: 11877-11888

de Souza Fernandes D, Leonel M, Del Bem M S, Mischan M M, Garcia É L, Dos Santos T P R (2017) Cassava derivatives in ice cream formulations: effects on physicochemical, physical and sensory properties. J Food Sci Technol 54: 1357-1367

Dunkel A, Koster J, Hofmann T (2007) Molecular and sensory characterization of γ-glutamyl peptides as key contributors to the Kokumi taste of edible beans (*Phaseolus vulgaris* L.). J Agric Food Chem 55: 6712-6719

Fernandes S S, Mellado M M S (2018) Development of mayonnaise with substitution of oil or egg yolk by the addition of chia (*Salvia Hispanica* L.) mucilage. J Food Sci 83: 74-83

Flett K L, Duizer L M, Goff D (2010) Perceived creaminess and viscosity of aggregated particles of casein micelles and κ-carrageenan. J Food Sci 75: S255-S261

Furukawa H (1977) The sensory test and the selection of panellists. In: Proc. 7th Symp. Sensory inspection, pp 111

Guo Y, Zhang X, Hao W, Xie Y, Chen L, Li Z, Zhu B, Feng X (2018) Nano-bacterial cellulose/soy protein isolate complex gel as fat substitutes in ice cream model. Carbohydr Polym 198: 620-630

Hillmann H, Behr J, Ehrmann M A, Vogel R F, Hofmann T (2016) Formation of Kokumi-enhancing γ-glutamyl dipeptides in parmesan cheese by means of γ-glutamyltransferase activity and stable isotope double-labelling studies. J Agric Food Chem 64: 1784-1793

Kuroda M, Kato Y, Yamazaki J, Kageyama N, Mizukoshi T, Miyano H, Eto Y (2012a) Determination of γ-glutamyl-valyl-glycine in raw scallop and processed scallop products using high performance liquid chromatography-tandem mass spectrometry. Food Chem 134: 1640-1644

Kuroda M, Kato Y, Yamazaki J, Kai Y, Mizukoshi T, Miyano H, Eto Y (2012b) Determination and quantification of γ-glutamyl-valyl-glycine in commercial fish sauces. J Agric Food Chem 60: 7291-7296

Kuroda M, Kato Y, Yamazaki J, Kai Y, Mizukoshi T, Miyano H, Eto Y (2013) Determination and quantification of the Kokumi peptide, γ-glutamyl-valyl-glycine, in commercial soy sauces. Food Chem 141: 823-828

Kuroda M, Miyamura N, Mizukoshi T, Miyano H, Kouda T, Eto. Distribution of a Kokumi peptide, γ-Glu-Val-Gly, in various fermented foods and the possibility of its contribution to the sensory quality of fermented foods. Ferment Tech 2015, 4: 2, https://doi. org/10.4172/2167-7972.1000121

Kuroda M, Nagaba N, Tsubuku T, Kawajiri H, Ueda Y (1997) Simultaneous determination of glutathione, gamma-glutamylcysteine and cysteine in commercial yeast extract by HPLC with fluorimetric detection. Food Sci Tech Int, 3, 239-240

Liou B K, Grun I U (2007) Effect of fat level on the perception of five flavor chemicals in ice cream with or without fat mimetics by using a descriptive test. J Food Sci 72: S595-S604

Liu H, Xu X M, Guo S D (2007) Rheological, texture and sensory properties of low-fat mayonnaise with different fat mimetics. LWT Food Sci Technol 40: 946-954

Maruyama Y, Yasuda R, Kuroda M, Eto Y (2012) Kokumi substances, enhancers of basic tastes, induce responses in calcium-sensing receptor expressing taste cells. PLoS ONE, 7, e34489

McClements D J, Demetriades K (1998) An integrated approach to the development of reduced-fat food emulsions. Crit Rev Food Sci Nutr 38: 511-536

Mellies M J, Vitale C, Jandacek R J, Lamkin G E, Glueck C J (1985) The substitution of sucrose polyester for dietary fat in obese, hypercholesterolemic outpatients. Am J Clin Nutr 41: 1-12

Miyamura N, Iida Y, Kuroda M, Kato Y, Yamazaki J, Mizukoshi T, Miyano H (2015a) Determination and quantification of Kokumi peptide, γ-glutamyl-valyl-glycine, in brewed alcoholic beverages. J Biosci Bioeng 120: 311-314

Miyamura N, Jo S, Kuroda M, Kouda T (2015b) Flavour improvement of reduced-fat peanut butter by addition of a Kokumi peptide, γ-glutamyl-valyl-glycine. Flavour 4: 16

Miyamura N, Kuroda M, Kato Y, Yamazaki J, Mizukoshi T, Miyano H (2016) Quantitative analysis of γ-glutamyl-valyl-glycine in fish sauces fermented with koji by LC/MS/MS. Chromatography 37: 39-42

Miyamura N, Kuroda M, Kato Y, Yamazaki J, Mizukoshi T, Miyano H, Eto Y (2014) Determination and quantification of a Kokumi peptide, γ-glutamyl-valyl-glycine, in fermented shrimp paste condiments. Food Sci Tech Res 20: 699-703

Ohsu T, Amino Y, Nagasaki H, Yamanaka T, Takeshita S, Hatanaka T, Maruyama Y, Miyamura N, Eto Y (2010) Involvement of the calcium-sensing receptor in human taste perception. J Biol Chem 285: 1016-1022

Patel A S, Jana A H, Aparnathi K D, Pinto S V (2010) Evaluating sago as a functional ingredient in dietetic mango ice cream. J Food Sci Technol 47: 582-585

Pimentel T C, Cruz A G, Prudencio S H (2013) Influence of long-chain inulin and lactobacillus paracasei subspecies paracasei on the sensory profile and acceptance of a traditional yogurt. J Dairy Sci 96: 6233-6624

Roman L, Martinez M M, Gomez M (2015) Assessing of the potential of extruded flour paste as fat replacer in O/W emulsion: a rheological and microstructural study. Food Res Int 74: 72-79

Scharbert S, Holzmann N, Hofmann T (2004) Identification of the astringent taste compounds in black tea infusions by combining instrumental analysis and human bioresponse. J Agric Food Chem 52: 3498-3508

Schwarz B, Hofmann T (2009) Identification of novel orosensory active molecules in cured vanilla beans (Vanilla planifolia). J Agric Food Chem 57: 3729-3737

Sharma M, Singh A K, Yadav D N (2017) Rheological properties of reduced fat ice cream mix containing octenyl succinylated pearl millet starch. J Food Sci Technol 54: 1638-1645

Shibata M, Hirotsuka M, Mizutani Y, Takahashi H, Kawada T, Matsumiya K, Hayashi Y, Matsumura Y (2017) Isolation and characterization of key contributors to the "Kokumi" taste in soybean seeds. Biosci Biotechnol Biochem 81: 2168-2177

Su H-P, Lien C-P, Lee T-A, Ho J-H (2010) Development of low-fat mayonnaise containing poly-saccharide gums as functional ingredients. J Sci Food Agric 90: 806-812

Sun C, Liu R, Liang B, Wu T, Sui W, Zhang M (2018) Microparticulated whey protein-pectin complex: a texture-controllable gel for low-fat mayonnaise. Food Res Int 108: 151-160

Toelstede S, Dunkel A, Hofmann T (2009) A series of Kokumi peptides impart the long-lasting mouthfulness of matured Gouda cheese. J Agric Food Chem 57: 1440-1448

Tomaschunas M, Zorb R, Fischer J, Kohn E, Hinrichs J, Busch-Stockfisch M (2013) Changes in sensory properties and consumer acceptance of reduced fat pork Lyon-style and liver sausages containing inulin and citrus fiber as fat replacers. Meat Sci 95: 629-640

Ueda Y, Sakaguchi M, Hirayama K, Miyajima R, Kimizuka A (1990) Characteristic flavor constituents in water extract of garlic. Agric Biol Chem 54: 163-169

Ueda Y, Tsubuku T, Miyajima R (1994) Composition of sulfur-containing components in onion and their flavor characters. Biosci Biotechnol Biochem 61: 108-110

Ueda Y, Yonemitsu M, Tsubuku T, Sakaguchi M, Miyajima R (1997) Flavor characteristics of glutathione in raw and cooked foodstuffs. Biosci Biotechnol Biochem 61: 1977-1980

Wendin K, Aaby K, Edris A, Ellekjaer M R, Albin R, Bergensahl B, Johansson L, Willers E P, Solheim R (1997) Low-fat mayonnaise: influences of fat content, aroma compounds and thickeners. Food Hydrocol 11: 87089

Yamaguchi S, Kimizuka A (1979) Psychometric studies on the taste of monosodium glutamate. In: Filer L J Jr, Garattini S, Kare M R, Reynolds W A, Wurtman R J (eds) Glutamic acid: advances in biochemistry and physiology. Raven Press, New York, pp 35-54

Yildrim M, Sumnu G, Sahin S (2016) Rheology, particle-size distribution, and stability of low-fat mayonnaise produced via double emulsions. Food Sci Biotechnol 25: 1613-1618

Yokotsuka T (1961) Aroma and flavor of Japanese soy sauce. Adv Food Res 10: 75-134

Yokotsuka T (1986) Soy sauce biochemistry. Adv Food Res 30: 195-329

Zhang H, Chen J, Li J, Wei C, Ye X, Shi J, Chen S (2018) Pectin from citrus canning wastewater as potential fat replacer in ice cream. Molecules 23 (4). pii: E925. https://doi.org/10.3390/molecules23040925

第 8 章 Kokumi 物质的味感机制：钙敏感受体（CaSR）在感知 Kokumi 物质中的作用

Yutaka Maruyama, Motonaka Kuroda

关键词 Kokumi 物质、钙敏感受体（CaSR）、谷胱甘肽（GSH）、γ-谷氨酰-缬氨酰-甘氨酸（γ-Glu-Val-Gly）、γ-谷氨酰-正缬氨酰-甘氨酸（γ-Glu-Nva-Gly）、γ-谷氨酰-正缬氨酸（γ-Glu-Nva）

8.1 钙敏感受体（CaSR）参与 Kokumi 物质的感知

摘要 某些食物具有特殊风味感觉，如连续性、满口感和浓厚味，这种风味感觉无法仅仅用五种基本味来解释。研究证明，这些复杂的感觉主要是因为添加 Kokumi 物质引起的，而 Kokumi 物质是本身没有味道的风味调节剂。然而，人们对这一机制知之甚少。对氨基酸和肽的味觉感知研究表明，γ-谷氨酰-半胱氨酰-甘氨酸（GSH）是钙敏感受体（CaSR）的激动剂。因此，我们假设 CaSR 参与了 Kokumi 物质的感知。事实上，实验测试的能激活 CaSR 的物质都具有 Kokumi 物质的味感作用，并且 γ-谷氨酰肽的 CaSR 激活活性与 Kokumi 味感强度呈正相关性。此外，CaSR 抑制剂 NPS-2143 显著降低了 GSH 和 γ-Glu-Val-Gly 的 Kokumi 强度。这些结果表明，CaSR 参与了 Kokumi 物质的味觉感知。

8.1.1 引言

味道和香气是决定食物风味的重要因素。五种基本味是指甜、咸、酸、苦和鲜味，每一种味觉都由特定的受体识别，并与特定的神经通路有关。然而，食物还具有一些不能用香气和五种基本味来解释的感官属性，这些属性包括质地、连续性、复杂性和满口感。大蒜提取物添加到鲜味溶液中时可以增强溶液的连续性、满口感和浓厚感，Ueda 等（1990）研究了稀释的大蒜提取物的调味效果，并试图分离和鉴定产生这种效果的关键化合物。他们发现含硫化合物参与了这种调味作用，包括 *S*-烯丙基-半胱氨酸亚砜（蒜氨酸）、*S*-甲基-半胱氨酸亚砜、γ-谷氨酰-烯丙基-半胱氨酸和谷胱甘肽（γ-谷氨酰-半胱氨酰-甘氨酸；GSH）。他们还研究了洋葱提取物的调味效果，并确定 *S*-丙烯基-L-半胱氨酸亚砜、蒜氨酸和 γ-谷氨酰-*S*-丙烯基-L-

半胱氨酸亚砜是增加鲜味溶液连续性、满口感和浓厚感的主要成分(Ueda 等，1994)。这些化合物添加到水中时只有很小的味道，但如果添加到鲜味溶液或其他食物中则会显著提高浓厚感、连续性和满口感(Ueda 等，1997)，Ueda 和他的同事提议将具有这些性质的物质称为 Kokumi 物质。

　　Dunkel 等人随后确定 γ-谷氨酰-亮氨酸、γ-谷氨酰-缬氨酸和 γ-谷氨酰-半胱氨酰-β-丙氨酸是可食用豆类中的关键 Kokumi 物质(Dunkel 等，2007)。采用类似的方法，一些 γ-谷氨酰肽，如 γ-谷氨酰-谷氨酸、γ-谷氨酰-甘氨酸、γ-谷氨酰-谷氨酰胺、γ-谷氨酰-甲硫氨酸、γ-谷氨酰-亮氨酸和 γ-谷氨酰-组氨酸被鉴定为成熟高达奶酪中的 Kokumi 物质(Toelstede & Hofmann, 2009)。这些基于分级分离和感官评价的研究表明，各种食物都含有 Kokumi 物质。然而，感知这些物质的分子机制尚未阐明。

　　细胞外钙敏感受体(CaSR)是一种典型的七跨膜 G 蛋白偶联受体(GPCR)，属于 GPCR 超家族的 C 家族(Brown 等，1993)。这种受体存在于多种组织和器官中，包括甲状旁腺和肾脏。它在维持哺乳动物细胞外钙稳态中起着核心作用(Chattopadhyay 等，1997)。CaSR 能感知到血钙水平的增加，从而抑制甲状旁腺激素的分泌，刺激降钙素的分泌，并诱导尿钙排泄，使血钙水平降至正常范围。研究表明，CaSR 不仅在甲状旁腺和肾脏中表达，而且在许多其他器官中也表达，包括肝、心、肺、胃肠道、胰腺和中枢神经系统，这表明它参与了广泛的生物学功能(Brown & MacLeod, 2001)。研究表明，CaSR 能够被多种物质激活，包括阳离子，如 Ca^{2+}、Mg^{2+} 和 Gd^{3+}，碱性肽如鱼精蛋白和聚赖氨酸，以及多胺如精胺(Brown & MacLeod, 2001)。

　　CaSR 在小鼠和大鼠的味觉细胞亚群中表达(Bystrova 等，2010; San Gabriel 等，2009)，这暗示了 CaSR 在味觉细胞生物学中发挥潜在作用。Ninomiya 和他的同事研究发现在小鼠体内一组味觉传导神经纤维对钙和镁有响应(Ninomiya 等，1982)。Tordoff 和他的同事研究了钙的味觉感知以及钙摄入量、食欲和体内平衡的生理机制，结果表明钙的缺乏会增加钙的适口性(McCaughey 等，2005)。这些发现暗示味觉细胞中存在钙离子的转导机制。然而，除钙外，CaSR 激动剂的生理作用尚不清楚。最近，Bystrova 等人报道，在分离出来的味觉细胞中发现，CaSR 在一部分味觉细胞中表达，并且 CaSR 激动剂(NPS R-568、新霉素和一些 L-氨基酸)能诱导 CaSR 的反应(Bystrova 等，2010)。

　　基于以上报道，本研究旨在阐明 CaSR 在 Kokumi 物质味觉感知中的相关机制。

8.1.2　材料和方法

1. 材料

在人体感官评价中使用的 CaSR 激动剂属于食品添加剂级，从文献报道的制造商处购买(Ohsu 等, 2010)。西那卡塞(Rodriguez 等, 2005)和 NPS-2143 是通过文献中描述的方法化学合成的。γ-谷氨酰肽，如 γ-Glu-Cys-Gly、γ-Glu-Cys、γ-Glu-Ala、γ-Glu-Abu-Gly 和 γ-Glu-Val 从制造商处购买，如文献(Ohsu 等, 2010)所述。其他的 γ-谷氨酰肽是用公认的化学方法合成和纯化的。参考已有文献(Ohsu 等, 2010)报道，通过 PCR 方法从人肾 cDNA(Clontech)中制备人 CaSR cRNA。

2. 利用 HEK-293 细胞检测 CaSR 活性

将人 CaSR cDNA 插入 pcDNA3.1 表达载体中，瞬时转染 HEK-293 细胞。简而言之，CaSR cDNA 在 Opti MEM I 培养基(Invitrogen)中稀释，与 FuGENE 6(Roche Applied Science)混合，并添加到亚融合状态的体外培养的 HEK-293 细胞中。在 96 孔板中培养 24 小时后，将细胞与 5μm Calcium-4(Calcium-4 分析试剂盒，Molecular Devices)共培养 45～60 分钟，并使用图像分析仪(FlexStation, Molecular Devices)及其相关软件进行测量。HEK-293 细胞表达的 CaSR 被激活后细胞间钙离子浓度将增加，钙染料(Calcium-4)结合游离 Ca^{2+}引起荧光(激发波长 485nm，发射波长 525nm)强度的增加。荧光强度具有钙离子浓度依赖性，检测不同浓度的 CaSR 激动剂单独作用以及与 0.0002%(4.5μmol/L)NPS-2143 共同作用时的荧光强度。钙离子浓度检测的缓冲液含有 0.9mmol/L $CaCl_2$。

3. CaSR 激动剂的人体感官评价

将样品溶解在蒸馏水中，并用 NaOH 将其 pH 值调节至 6.8～7.2。样品溶液的人体感官分析采用文献描述的方法(Ueda 等, 1990)。评价小组由 20 名训练有素的评价员组成。评价小组对样品溶液进行 5 分制评分法评分，从−2(明显被抑制)到+2(明显较强)。评价小组将 CaSR 激动剂溶于含有 0.1%味精和 0.5%氯化钠的溶液中，品尝 5 秒后对味觉强度进行评价和打分。结果采用成对 t 检验进行分析。CaSR 激动剂和拮抗剂使用的最终浓度如下：乳酸钙(0.35%)、鱼精蛋白(0.02%)、聚赖氨酸(0.08%)和 L-组氨酸(0.2%)。将西那卡塞以 1%的浓度溶解在 99.5%的乙醇中，然后用样品溶液稀释至 0.0015%(38μmol/L)进行感官分析。将 NPS-2143 以 0.1%的浓度溶解于 99.5%的乙醇中，然后用样品溶液稀释至 0.0002%(4.5μmol/L)。待测溶液中残留的乙醇不影响感官评价。感官分析所用方法经味之素股份有限公司食品应用中心管理委员会批准，并获得所有评估人员的知情同意。

4. Kokumi 主观等效浓度的定量分析

Kokumi 物质的感官活性以主观等效浓度(PSE)表示，分析方法如下：感官分析小组由 17 名训练有素的评估员组成，将 γ-Glu-Cys(0.15%)、γ-Glu-Val(0.15%)、γ-Glu-Ala(0.5%)、γ-Glu-Abu-Gly(0.05%)或 γ-Glu-Val-Gly(0.01%)与鲜味和咸味溶

液(0.05%MSG、0.05%IMP 和 0.5%NaCl)混合，并与不同浓度的参比溶液(GSH 溶液)进行比较。参比溶液 GSH 的 8 个浓度是以对数等分的 50%间隔递增(0.02%、0.03%、0.044%、0.07%、0.10%、0.15%、0.23%和 0.34%，w/V)。每个样品与对照溶液配对两次。评估员判断样品和参考溶液之间的 PSE。所有的判断都是两分法的，即要求评价员对一个测试样品进行评估，评价其浓度高于或低于参考 GSH 溶液。PSE 定义为样品能产生与标准溶液相当的感觉强度时的浓度。

8.1.3　结果与讨论

1. 谷胱甘肽——一种激活人 CaSR 的 Kokumi 物质

用表达 CaSR 的 HEK-293 细胞研究了谷胱甘肽(GSH；γ-Glu-Cys-Gly)对人 CaSR 的影响。如图 8.1 所示，谷胱甘肽激活人 CaSR，其 EC_{50} 值为 0.71μmol/L，本研究测得钙离子的 EC_{50} 值为 1.17mmol/L，这些结果表明谷胱甘肽是很有潜力的 CaSR 激动剂。

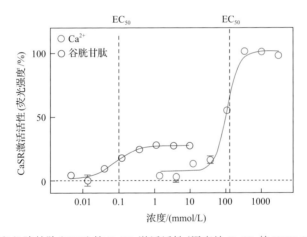

图 8.1　Ca^{2+} 和谷胱甘肽(GSH)的 CaSR 激活活性(用表达 CaSR 的 HEK-293 细胞测得)

2. 所有已知的 CaSR 激动剂都是 Kokumi 物质

通过人体感官评价研究了已知的 CaSR 激动剂的感官特性。虽然乳酸钙、鱼精蛋白、聚赖氨酸和 L-组氨酸早已作为食品添加剂使用，但这些物质本身是否具有味道尚不清楚。西那卡塞是一种合成的变构 CaSR 激动剂，用于治疗继发性甲状旁腺功能亢进和高钙血症。由于某些受试物质在较高浓度下有苦味，因此本研究选择了无苦味的适宜浓度。如图 8.2 所示，乳酸钙、鱼精蛋白、聚赖氨酸、L-组氨酸和西那卡塞分别在 0.35%、0.02%、0.08%、0.2%和 0.0015%(w/V)浓度时，具有明显的风味增强作用。感官评价中，在本实验条件下没有发现苦味或其他异味。

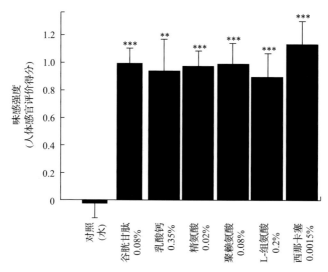

图 8.2　已知 CaSR 激动剂的 Kokumi 物质的味感强度

对 CaSR 激动剂进行人体感官分析，以确定已知 CaSR 激动剂的 Kokumi 味道。不同浓度的 CaSR 激动剂与 MSG（0.1%）和 NaCl（0.5%）空白溶液混合：GSH，0.08%（Kokumi 味参照物）；0.35%的乳酸钙；0.02%的精氨酸；0.08%的聚赖氨酸；0.2%的 L-组氨酸；0.0015%的西那卡塞；0.01%的 γ-Glu-Val-Gly；0.08% γ-Glu-Val-Leu，（低活性对照肽）。人的感官分析重点是对 Kokumi 的一种味道特征，即浓厚感进行盲测。数据以平均分数（$n=20$）和误差线（S.E.）的形式显示。星号表示与对照组的显著差异（Student's t 检验）：***，$P<0.001$

3. 作为 Kokumi 物质，CaSR 活性与感官活性呈正相关

研究者合成了一系列的 γ-谷氨酰肽，并对其 CaSR 活性和作为 Kokumi 物质的感官活性进行了评价。在评价之前，共合成了 46 种 γ-谷氨酰肽，CaSR 活性用非洲爪蟾卵母细胞测定（Ohsu 等，2010）。在测试的 γ-谷氨酰肽中，选择 γ-Glu-Ala、γ-Glu-Val、γ-Glu-Cys、γ-Glu-Cys-Gly（GSH）、γ-Glu-Abu-Gly（眼酸）和 γ-Glu-Val-Gly，用表达 CaSR 的 HEK-293 细胞测定它们的 CaSR 活性，计算 EC_{50} 值。以谷胱甘肽（GSH）为标准物，以主观等效点（PSE）评价了这些肽作为 Kokumi 物质的感官活性。γ-Glu-Ala、γ-Glu-Val、γ-Glu-Cys、γ-Glu-Cys-Gly（GSH）、γ-Glu-Abu-Gly（眼酸）和 γ-Glu-Val-Gly 的 CaSR-EC_{50} 值分别为 3.7μmol/L、1.6μmol/L、0.46μmol/L、0.71μmol/L、0.025μmol/L 和 0.039μmol/L。定量感官评价试验表明，0.5%γ-Glu-Ala、0.15%γ-Glu-Val、0.15%γ-Glu-Cys、0.05%γ-Glu-Abu-Gly（眼酸）和 0.01%γ-Glu-Val-Gly 的 GSH 等效浓度分别为 0.074%、0.092%、0.094%、0.085%和 0.128%。Kokumi 物质 γ-Glu-Ala、γ-Glu-Val、γ-Glu-Cys、γ-Glu-Cys-Gly（GSH）、γ-Glu-Abu-Gly（眼酸）和 γ-Glu-Val-Gly 的归一化 Kokumi 强度（与谷胱甘肽强度的比值）分别为 0.15、0.61、0.63、1.7 和 12.8。图 8.3 展示了归一化的 CaSR 活性与归一化的 Kokumi 强度的关系，揭示了这些 γ-谷氨酰肽的 CaSR 活性与 Kokumi 强度之间有正相关性

$(r=0.81，P<0.05)$。

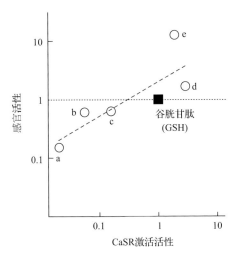

图 8.3　将 5 种 γ-谷氨酰肽的 CaSR 活性$(A，EC_{50})$与 Kokumi 味觉强度的关系用对数标度与 GSH 做比较

采用 Pearson 相关系数计算 CaSR 活性与 Kokumi 味觉强度的关系。显著正相关$(r^2=0.660，P=0.0496)$

4. CaSR 拮抗剂抑制谷胱甘肽和 γ-Glu-Val-Gly 的感官活性

为了研究 CaSR 在 Kokumi 物质感知中的作用，科研人员研究了 CaSR 拮抗剂 NPS-2143 对两种有效的 Kokumi 物质——GSH 和 γ-Glu-Val-Gly 感官效应的影响。图 8.4 显示了 NPS-2143 对 GSH 激活 CaSR 的影响。由于 NPS-2143 增加了 EC_{50} 值，因此它可以抑制 GSH 对 CaSR 的激活作用。通过人的感官分析来确定 0.0002%（4.5μmol/L）的 NPS-2143 是否能抑制 GSH 或 γ-Glu-Val-Gly 的 Kokumi 强度。结果

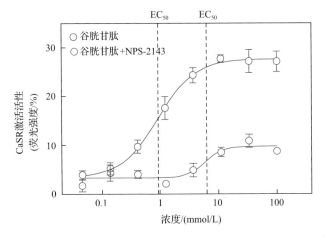

图 8.4　CaSR 抑制剂 NPS-2143 对表达 CaSR 的 HEK-293 细胞 CaSR 活性的影响

如图 8.5(a)所示，添加 0.0002%的 NPS-2143 可显著降低 0.08% GSH 作为 Kokumi 物质(Kokumi 强度)提高咸鲜溶液味道的有效性($P<0.05$)。图 8.5(b)显示，添加 0.0002% NPS-2143，0.01% γ-Glu-Val-Gly 的 Kokumi 强度也显著降低($P<0.001$)。结果表明，CaSR 拮抗剂 NPS-2143 能有效抑制 GSH 和 γ-Glu-Val-Gly 的感官活性。

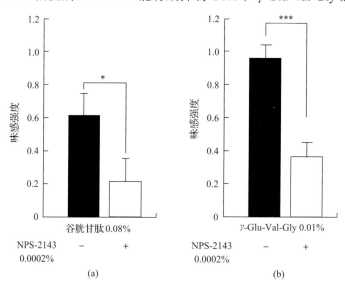

图 8.5 CaSR 抑制剂 NPS-2143 对谷胱甘肽和 γ-Glu-Val-Gly 感官活性的影响

采用图 8.3(a)中所述的方法，对 CaSR 激动剂作用进行人体感官分析，评价以加或不加 CaSR 拮抗剂 (NPS-2143)时肽的 Kokumi 味感。本实验中使用的浓度如下：GSH，0.08%；γ-Glu-Val-Gly，0.01%；NPS-2143，0.0002%(4.5μmol/L)。数据以平均分数(n=20)和误差线(S.E.)形式显示。星号表示与加 NSP-2143 的有显著差异(Student's t 检验)：*，$P<0.05$；***，$P<0.001$

8.1.4 讨论

谷胱甘肽(GSH)是一种具有代表性的 Kokumi 物质。由于 GSH 激活人的 CaSR(图 8.1)，我们假设 CaSR 可能参与了人类对 Kokumi 物质的感知。为了验证这个假设，研究了不同化合物的 CaSR 活化效果和感官特性。用表达 CaSR 的 HEK-293 细胞来评估 CaSR 的激活，用人的感官分析来测定其感官特性。在感官分析中，将受试化合物添加到咸鲜溶液中，并评价品尝后 5 秒的味觉增强效果。首先，我们研究了已知的作为 Kokumi 物质的 CaSR 激动剂的活性，结果如图 8.2 所示，我们测试的所有的 CaSR 激动剂都有 Kokumi 味感活性，暗示 CaSR 与人类对 Kokumi 物质的感知有关。其次，我们用 γ-谷氨酰肽，如 γ-Glu-Ala、γ-Glu-Val、γ-Glu-Cys、GSH、γ-Glu-Abu-Gly 和 γ-Glu-Val-Gly，研究了作为 Kokumi 物质的 CaSR 活性与感官活性的相关性。图 8.3 显示，这些 γ-谷氨酰肽激活 CaSR 的程度与其 Kokumi 强度显著正相关(r=0.81，$P<0.05$)。这些结果提供了强有力的证据，

以证明 CaSR 参与了对 Kokumi 物质的感知。最后，研究了 CaSR 特异性拮抗剂 NPS-2143 作为 Kokumi 物质对感官活性的影响。如图 8.5(a)所示，添加 0.0002% 的 NPS-2143 可显著降低 0.08%GSH 的 Kokumi 强度(增强咸鲜溶液的味道)($P<0.05$)。同样，添加 0.0002%的 NPS-2143，0.01%γ-Glu-Val-Gly 的 Kokumi 强度显著降低[$P<0.001$，图 8.5(b)]。这些结果强烈表明 CaSR 参与了人类对 Kokumi 物质的感知。

因此，我们进行了以下研究：①对已知的 CaSR 激动剂作为 Kokumi 物质的性质进行感官评价。②几种 γ-谷氨酰肽的 CaSR 活化与 Kokumi 强度之间的相关性评估。③测定了 CaSR 拮抗剂对 GSH 和 γ-Glu-Val-Gly 的 Kokumi 强度的影响。所有的结果都清楚地表明，CaSR 参与了人类对 Kokumi 物质的感知。

在下面的研究中，为了阐明 Kokumi 物质的感知机制，包括 CaSR 在味觉细胞中的作用，我们研究了 CaSR 在味觉细胞中的表达，用半完整的小鼠舌切片检测味觉细胞对 Kokumi 物质的反应。还研究了 CaSR 与 T1R3 共表达的可能性。

8.2　表达钙敏感受体(CaSR)的味觉细胞对Kokumi物质有反应

摘要　有些食物具有如连续性、满口感和浓厚味的风味感觉，这种味感不能仅仅用五种基本味觉来解释。已经证明，这些感觉是由添加 Kokumi 物质引起的，这些物质是本身并没有实际味道的风味调节剂。然而，人们对这一机制知之甚少。上一节的结果表明，CaSR 参与了人类对 Kokumi 物质的感知。在本节中，我们在小鼠舌组织切片使用 Calcium Green-1 标记味觉细胞利用共聚焦显微镜技术研究 Kokumi 物质的受体细胞及其生理特性。在味觉孔周围局部应用 Kokumi 培养基可引起味觉细胞亚群的细胞内 Ca^{2+}浓度([Ca^{2+}]$_i$)的增加。用 CaSR 拮抗剂 NPS-2143 预处理可抑制这种反应。最后，鉴定出表达 CaSR 的味觉细胞与表达 T1R3 的鲜味或甜味受体细胞不是同一个细胞亚群。目前的观察表明，表达 CaSR 的味觉细胞是 Kokumi 物质的主要检测者，并且这些细胞独立于基本味觉(至少对于甜味和鲜味)受体细胞。

8.2.1　引言

在之前的研究中，我们发现各种CaSR激动剂包括γ-谷氨酰-胱氨酰-甘氨酸(还原型谷胱甘肽，GSH)和其他 γ-谷氨酰肽都能增强鲜味、甜味和咸味，并且 CaSR 激动剂的活性与 Kokumi 的强度有很大的相关性。Ueda 等人报道，含有 GSH 的大蒜水提取物增强了鲜味强度，他们建议将这种增味物质称为"浓厚感(Kokumi substances)"(Ueda 等，1990; Ueda 等，1997)。我们之前已经鉴定出几种 γ-谷氨酰肽，它们是 CaSR 激动剂，具有 Kokumi 物质的性质，其中 γ-谷氨酰-缬氨酰-甘氨酸(γ-Glu-Val-Gly)是最有效的 Kokumi 物质(Ohsu 等，2010)。这些结果表明，舌上皮中表达 CaSR 的味觉细胞可能对 Kokumi 物质有反应。

在本研究中，我们采用半完整的舌切片方法，在味蕾顶端局部使用 Kokumi 物质刺激，用具有足够的时间和空间分辨率的 Ca^{2+} 成像技术以测量单个细胞的反应。

8.2.2 材料和方法

1. 组织切片与功能成像

所有实验程序均经味之素股份有限公司创新研究院(2008220、2009085、2010013、2011239)动物实验机构审查委员会批准，符合美国国家科学院实验动物资源研究所颁布的《实验动物使用标准》。雄性 C57BL/6 成年小鼠(≥7 周龄)经乙醚麻醉，颈椎脱位处死。取出舌头，浸入冷 Tyrode 溶液中。获得包含舌轮廓乳突的舌头切片，并按照 Maruyama 等人之前描述的程序将 Ca^{2+} 指示染料注入味觉细胞(Maruyama 等, 2006)。简单地说，荧光 Ca^{2+} 指示染料钙绿色-1 右旋糖酐(CGD; MW 3000; 0.25mmol/L, H_2O; Invitrogen, Carlsbad, CA, 美国)通过大直径尖端玻璃微移液管(40μm)以离子导入的方式注入外翻乳突周围的隐窝中(−3.5μA 方形脉冲，10 分钟)。加载 CGD 的组织用振动棒在 100μm 处切片(Leica VT1000S, Nussloch, 德国)。将含有舌轮廓味蕾的切片放在涂有 Cell-Tak(Becton Dickinson, Franklin Lakes, NJ, 美国)的玻璃盖玻片上，放入观察室，并以 1.5mL/min 的速率灌流 Tyrode 溶液(30℃)。用单玻璃微移液管(尖端直径2μm)直接传递味觉刺激物，以对选定的味蕾细胞进行顶端刺激。刺激物(气压 3.5psi[①]；压力系统 IIe，美国新泽西州费尔菲尔德 Toohey 公司)喷射 1s。每个味觉刺激使用不同的移液管。所有刺激液都含有 2μmol/L 荧光素，以监测刺激的应用、持续时间和浓度。

用激光氩在激光扫描共聚焦显微镜(Fluoview FV-300，日本东京奥林巴斯)下观察加载 CGD 的味觉细胞。每隔 1.1s 采集图像。荧光测量信号表示为相对荧光变化：$\Delta F/F = (F-F_0)/F_0$，其中 F_0 表示记录过程中发生的任何漂白校正的静止荧光水平。使用 $\Delta F/F$ 校正基线荧光、细胞厚度、总染料浓度和光照的变化(Helmchen, 2000)。峰值 $\Delta F/F$ 构成统计量化的响应幅度。

2. 数据分析

用成对 Student's t 检验进行统计分析，以确定给定处理的反应幅度(峰值 $\Delta F/F$)的变化是否显著。数据以平均值±标准差(SEM)形式在柱状图中显示。

3. 试剂和溶液

γ-谷氨酰-缬氨酰-甘氨酸(γ-Glu-Val-Gly)由日本东京 Kokusan 化学公司合成。

---

① 1psi=6.89476×10³Pa。

西那卡塞(Cinacalcet)、NPS-2143 和 SC45647 在我们的机构中通过先前描述的方法进行化学合成(Rodriguez 等，2005; Rybczynska 等，2006; Nofre 等，1987)。所有其他化学品，包括谷氨酸单钠(MPG)均购自西格玛化学公司(St Louis, MO, 美国)。在每次实验中，所有的呈味物质都是新鲜溶解在 Tyrode 溶液中。标准培养基由 Tyrode 溶液组成，该溶液由 135mmol/L NaCl、5mmol/L KCl、1.5mmol/L CaCl$_2$、1mmol/L MgCl$_2$、10mmol/L HEPES、10mmol/L 葡萄糖、10mmol/L 丙酮酸钠和 5mmol/L NaHCO$_3$ 组成，pH 值为 7.2；318～323 mOsm。对于无 Ca^{2+} 的 Tyrode 溶液，去除 CaCl$_2$，并添加 0.2mmol/L EGTA。

4. 免疫组织化学染色

将小鼠外翻组织固定在 4%多聚甲醛中，并在 4℃下用 10%～30%蔗糖冷冻保护3.5h。制备冰冻切片(12μm)并在室温下用 1%Triton X-100(Sigma)在蛋白封闭液(Dako, Glostrup, 丹麦)中封闭 45 分钟。然后用一抗[大鼠抗 CaSR，稀释 1:400；兔抗 PLCβ2，1:500(sc-206, Santa Cruz, CA, CA, USA)；兔抗 NCAM，1:400(AB5032, Millipore, Billerica, MA, USA)；和兔抗 T1R3，1:800(味之素股份有限公司 Iwatsuki 博士赠予)]孵育 1h(Iwatsuki 等，2009)，然后是二抗(1:1000)：Alexa Fluor 488 标记的抗 CaSR 的驴抗鼠 IgG 抗体(A-21208, Invitrogen)和 Alexa Fluor 568 标记的山羊抗兔 IgG 抗体，用于抗 PLCβ2、抗 NCAM 和抗 T1R3(A-11036, Invitrogen)。用我们实验室产生的特异性抗体(宿主=大鼠)检测 CaSR。抗小鼠 CaSR 抗体识别分别对应于小鼠 CaSR 的 917–933、1034–1050 和 994–1010 的蛋白质序列 KSNSEDPFPQPERQKQQ、QGPMVGDHQPEIESPDE 和 MRQNSLEAQKSNDTLNR。在每个实验中阴性对照为不加一抗的平行处理。图像由激光扫描共聚焦显微镜(Olympus)获得。共焦显微镜光学切片的厚度约为 3μm。

5. RT-PCR 分析

用扩增小鼠 CaSR、PLCβ2、Snap25 和 β-actin 的引物进行 RT-PCR 扩增。简单地说，解剖后的含舌轮廓乳头和叶状乳突的舌与 1mg/mL 胶原酶 A(美国印第安纳波利斯市罗氏应用科学公司)、2.5mg/mL Dispase II(罗氏应用科学公司)和 1mg/mL 胰蛋白酶抑制剂(Sigma)的混合物注入黏膜下层，然后在室温下孵育 20 分钟。乳头状上皮细胞从结缔组织中剥离。从上皮乳头和无味蕾的上皮中分离出总 RNA(RNA 微型试剂盒，美国加利福尼亚州圣克拉拉市安捷伦科技公司)。将纯化的 RNA 变性，用寡核苷酸(dT)$_{12-18}$ 引物和反转录酶(Super Script III, Invitrogen)合成第一链 cDNA。以 cDNA 为模板，与 Taq 聚合酶(Invitrogen)混合扩增 20μL。PCR 条件如下：94℃ 2min，随后 29～35 个周期，94℃ 30s，58℃ 20s，72℃ 45s。PCR 产物用 GelRed 染色进行凝胶电泳分析(Biotium, Hayward, CA, USA)。所用引物为：CaSR，5′-tcgagacccctta-catggac-3′（正向）和 5′-agtagttccccaccaggtca-3′（反向）；
PLCβ2，5′-ctcgctttgggaagtttgc-3′（正向）和 5′-gcattgactgtcatcgggt-3′（反向）；Snap25，
5′-ggcaataatcaggatggagtag-3′（正向）和 5′-agatttaaccacttcccagca-3′（反向）；β-actin，
5′-caccctgtgctgctcacc-3′（正向）和 5′-gcacgatttccctctcag-3′（反向）。

8.2.3　结论

1. CaSR 在舌上皮的味蕾中表达

用 RT-PCR 方法检测了 C57BL/6 小鼠味蕾和非味觉舌上皮中 CaSR mRNA 的
表达。我们证实 CaSR mRNA 在轮廓乳突和叶状乳突中表达，但在非味觉上皮中
不表达[图 8.6(a)]。为了确定味觉细胞中 CaSR 的存在，我们对小鼠舌组织进行
了免疫组织化学染色。CaSR 免疫反应在轮廓、叶状、真菌状和腭状的梭形味觉细
胞亚群中观察到[图 8.6(b)～(e)]。在舌轮廓味蕾的横切面，味蕾中有 8～10 个
CaSR 免疫反应性味觉细胞[图 8.7(d)、(h)]。抗原预吸附证实了抗体的特异性，
味觉细胞几乎没有免疫反应。

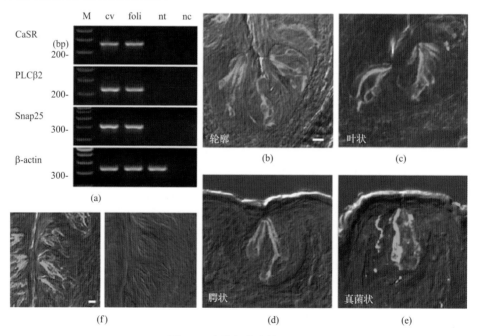

图 8.6　味觉细胞表达 CaSR

(a) RT-PCR 法检测 CaSR 在富含味蕾的舌轮廓(cv)、叶状上皮(foli)和非味蕾(nt)舌上皮中的表达。nc 为阴性对照
(缺少模板)；M 为分子标准。(b)～(e)味蕾中 CaSR 的免疫染色。CaSR 免疫荧光出现在大多数轮廓(b)、叶状(c)、
腭状(d)和真菌状(e)味蕾中。免疫荧光图像(绿色)叠加在 DIC 图像上。(f)验证抗 CaSR 抗体。用过量的抗原肽预
吸附 CaSR 抗体血清，同时将舌轮廓切片分别与预吸收抗体和非吸收抗体反应。图像是在相同的光照条件和检测
设置下拍摄的。标尺为 20μm

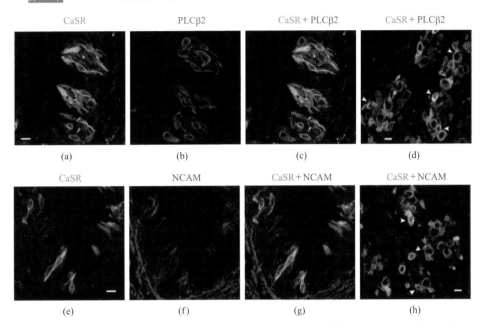

图 8.7　共聚焦图像显示 CaSR 和味觉细胞标记物在小鼠轮廓乳头味觉细胞中的共定位

(a)～(c)用抗 CaSR(a)和 PLCβ2(b)抗体进行免疫染色的轮廓味蕾的纵切面。(c)(a)和(b)的重叠。(d)用抗 CaSR(绿色)和 PLCβ2(红色)抗体进行免疫染色的轮廓味蕾横切面。(e)～(g)用抗 CaSR(e)和 NCAM(f)抗体免疫染色的轮廓味蕾的纵切面。(g)(e)和(f)的叠加。(h)用抗 CaSR(绿色)和 NCAM(红色)抗体免疫染色的轮廓味蕾的横切面。标尺为 20μm。箭头表示双标记细胞

2. CaSR 在 Ⅱ 型(受体)和 Ⅲ 型(突触前)细胞亚群中表达

哺乳动物味蕾包含三种不同的细胞(Chaudhari & Roper, 2010; Murray, 1993; Yee 等, 2001)。哺乳动物味觉细胞根据形态和功能可分为三个亚型：Ⅰ型(胶质样细胞)、Ⅱ型(受体细胞)和Ⅲ型(突触前)(Kinnamon 等, 1985)。这类细胞表达与其功能相关的不同的互补基因：受体(Ⅱ型)细胞表达 G 蛋白偶联的味觉受体和转导机制。相反，突触前(Ⅲ型)细胞表达神经元蛋白，包括与突触相关的蛋白，也对酸刺激做出反应(DeFazio 等, 2006; Huang 等, 2006; Huang 等, 2008; Medler 等, 2003; Tomchik 等, 2007)。

为了表征 CaSR 在味觉细胞中的免疫活性，我们研究了 CaSR 和味觉细胞标记物的共表达。前期研究利用免疫荧光技术表明在轮廓味蕾中，PLCβ2 在 Ⅱ 型味觉细胞(受体细胞)中表达(DeFazio 等, 2006)，神经细胞黏附分子(NCAM)在Ⅲ型味觉细胞(突触前细胞)中表达(Dvoryanchikov 等, 2007)。因此，我们使用双重免疫荧光显微技术来评估这些表达 CaSR 的味觉细胞是否共同表达味觉细胞标记物。通过免疫组织化学技术，我们观察到表达味觉细胞的 CaSR 也表达 PLCβ2 或 NCAM(图 8.7)。728 例 CaSR 阳性细胞中，314 个细胞表达 PLCβ2[43.1%；图 8.7(d)]，

而其他 CaSR 阳性细胞表达 NCAM[1033 个细胞中的 669 个细胞,64.7%;图 8.7(h)]。相反,823 例 PLCβ2 阳性细胞中,314 个细胞表达 CaSR(38.2%)。这些数据与先前关于表达味觉细胞的 CaSR 细胞类型的研究结果一致(San Gabriel 等,2009)。

3. 味觉细胞对 Kokumi 物质局部作用的响应

为测试 Kokumi 物质是否诱导味觉细胞内的 Ca^{2+}反应,如果是,为了确定哪些味觉细胞有响应,我们采用了半完整的舌头切片,将 Kokumi 物质局部应用于味觉细胞的顶端化学感受器尖端,并用共焦扫描显微镜成像味觉细胞内[Ca^{2+}]的变化(Caicedo 等,2000; Maruyama 等,2006)。局部应用 Kokumi 物质,西那卡塞(一种经典的 CaSR 激动剂;10μmol/L)、谷胱甘肽(GSH;100μmol/L)或 γ-Glu-Val-Gly(100μmol/L)诱导了一小部分味觉细胞中 Ca^{2+}反应(Δ[Ca^{2+}]$_i$)[图 8.8(a)](Ohsu 等,2010)。这些反应不是由溶液溶胀引起的,因为用 Tyrode 溶液作用后没有观察到任何反应[图 8.8(a)]。一些(但不是全部)Kokumi 物质反应细胞也对孵育 KCl(50mmol/L)有反应,KCl 通过质膜去极化作用在突触前(III型)味觉细胞中诱导

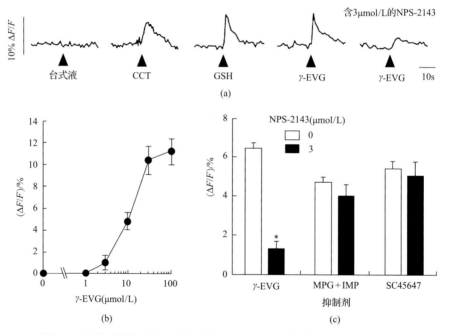

图 8.8　小鼠舌轮廓乳头切片标本中,Kokumi 刺激诱发的味觉细胞反应

(a)用三种 Kokumi 物质,西那卡塞(CCT, 10μmol/L)、谷胱甘肽(GSH, 100μmol/L)和 γ-谷氨酰-缬氨酰-甘氨酸(γ-EVG, 100μmol/L)和 γ-EVG+NPS-2143(一种 CaSR 抑制剂, 3μmol/L)分别刺激味觉细胞。曲线下方的箭头表示刺激。(b)γ-EVG 的浓度-反应关系(平均值±SE; n=4 个细胞)。(c) γ-EVG(100μmol/L)诱发的味觉反应被 CaSR 拮抗剂 NPS-2143(3μmol/L)抑制,而鲜味(MPG 100mmol/L+IMP 1mmol/L)和甜味(SC45647, 10μmol/L)反应不受影响。显示在 3μmol/L NPS-2143 存在或不存在的情况下, γ-EVG、MPG+IMP 和 SC45647 诱发反应的平均振幅(平均值±SE; *, P≤0.05, n=4 个细胞)。原始痕迹在(a)中显示

Ca^{2+} 反应。γ-Glu-Val-Gly 诱导了轮廓乳头中 6.5% 的味觉细胞(26 只小鼠获得的 524 个细胞中有 34 个细胞)出现短暂的 $[Ca^{2+}]_i$ 升高。100μmol/L γ-Glu-Val-Gly 诱发的 Ca^{2+} 反应($\Delta F/F$)的平均振幅为 11.6%±1.7%[平均值±SE；n=21 个细胞；图 8.8(b)]。γ-Glu-Val-Gly 的 EC_{50} 值估计约为 13μmol/L[图 8.8(b)]。重要的是，使用更高浓度的 γ-Glu-Val-Gly(>30μmol/L)并不会引起其他味觉细胞中诱导 Ca^{2+} 反应。此外，Kokumi 物质诱导的反应被 3μmol/L NPS-2143 选择性阻断，NPS-2143 是一种 CaSR 抑制剂，它几乎不影响鲜(MPG 100mmol/L+IMP 1mmol/L)和甜(SC45647,100μmol/L)反应[图 8.8(c)](Ohsu 等，2010；Gowen 等，2000)。这表明，我们观察到的 Ca^{2+} 反应表现出了对 Kokumi 物质响应的味觉细胞的特定亚群有选择性刺激。

4. 对 Kokumi 物质刺激的反应涉及 Ca^{2+} 释放

接下来，我们研究了被 Kokumi 物质激活的小鼠轮廓味觉细胞中 Ca^{2+} 的动员途径。我们在局部 Kokumi 物质刺激 2 分钟前，将切片浸泡在无 Ca^{2+} 的 Tyrode 溶液(含 0.2mmol/L EGTA)中来检测急性细胞外钙缺乏时的反应。如图 8.9(a)所示，γ-Glu-Val-Gly 诱发的反应与细胞外有 Ca^{2+} 时相比没有明显变化(对照组，$\Delta F/F$=7.1%±1.8%；无 Ca^{2+} 组，$\Delta F/F$=6.7%±2.0%；n=5)。相反，在相同的处理下，去极化诱发的钙反应[通过在切片上灌注 50mmol/L KCl，使 Ca^{2+} 通过Ⅲ型突触前味觉细胞的电压门控 Ca^{2+} 通道流入(Richter 等，2004)实现]，在没有细胞外钙离子的情况下，几乎完全消失[对照组，$\Delta F/F$=16.1%±3.6%；无钙组，$\Delta F/F$=2.8%±0.2%；n=4；图 8.9(b)]。部分 γ-Glu-Val-Gly 响应的味觉细胞对 KCl 刺激表现出 Ca^{2+} 反应；然而，这些细胞中 γ-Glu-Val-Gly 诱导的反应不受无钙条件的影响[图 8.9(a)，(b)]。这些结果与 Kokumi 转导过程相一致，与释放储存的 Ca^{2+} 相关，而不是 Ca^{2+} 内流[图 8.9(c)]。

鲜味、甜味和苦味是通过激活磷脂酶 C(PLC)触发储存的 Ca^{2+} 释放(Maruyama 等，2006；Huang 等，1999；Ogura & Kinnamon，1999；Rossler 等，1998；Zhang 等，2003)。为了直接测试 Kokumi 物质是否通过激活 PLC 引起的 Ca^{2+} 反应，我们使用了非选择性 PLC 抑制剂 U73122(Bleasdale 等，1990；Salari 等，1993；Thompson 等，1991)。用 10μmol/L U73122 孵育 10min 后，γ-EVG 诱发的反应几乎消失[对照组，$\Delta F/F$=8.3%±1.6%；U73122，$\Delta F/F$=1.7%±0.8%；n=4；图 8.9(d)，(e)]。相反，用 U73122 处理后，去极化(KCl)诱导的反应没有明显改变(数据未显示)。这些数据有力地支持了 Kokumi 激活机制与细胞内 Ca^{2+} 释放有关的观点。

5. CaSR 配体响应细胞对 L-谷氨酸刺激不反应

据报道，CaSR 可被多种 γ-谷氨酰肽激活，包括谷胱甘肽和 γ-Glu-Val-Gly(Ohsu 等，2010；Conigrave 等，2000；Wang 等，2006)。当在 HEK-293 细胞中瞬时表达时，CaSR 能响应 L-谷氨酸单体而诱导 Ca^{2+} 的反应，L-谷氨酸单体与鲜味有关(Bystrova 等，

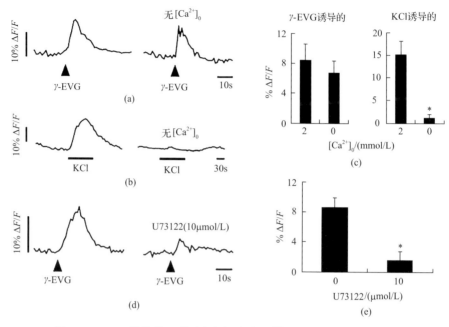

图 8.9　*γ*-EVG 诱发的 Ca^{2+} 反应与细胞内 Ca^{2+} 的储存和磷脂酶 C 有关

(a)*γ*-EVG(100μmol/L)被局部应用于含有 Ca^{2+} 的培养基(左图)或在无 Ca^{2+} 的培养基中(0.2mmol/L EGTA 无钙培养基；右图)。(b)在无细胞外 Ca^{2+} 的情况下，去极化(浴敷 KCl, 50mmol/L)和 Ca^{2+} 通过电压依赖性 Ca^{2+} 通道流入引起的反应被消除。(c)培养基中存在或不存在 Ca^{2+} 时反应的平均振幅(平均值±SE；*$P \leqslant 0.05$,*n*=4 个细胞)。(d)U73122(10μmol/L)对 *γ*-EVG 的反应。(e)有或无 U73122 时反应的平均振幅(平均值±SE；*, $P \leqslant 0.05$, *n*=4 个细胞)

2010)。相反，受体(Ⅱ型)细胞对甜味、苦味和鲜味刺激的反应是通过提高细胞质中的 Ca^{2+}(DeFazio 等，2006; Tomchik 等，2007)。我们提出了 CaSR 配体、*γ*-Glu-Val-Gly 和谷氨酸是否在相同的小鼠Ⅱ型味觉细胞中产生反应的疑问。这些研究表明，*γ*-Glu-Val-Gly 通过激活与鲜味化合物相同的味觉受体来模仿 L-谷氨酸的味道，至少在一定程度上是这样的。为了直接验证这一解释，我们将 *γ*-Glu-Val-Gly 和谷氨酸单钾(MPG)+肌苷一磷酸(IMP)依次应用于舌轮廓味蕾。*γ*-Glu-Val-Gly (100μmol/L)在一些味觉细胞(132 个记录细胞中有 10 个反应细胞；$\Delta F/F$=7.4%±1.3%)中诱发了短暂的 Ca^{2+} 反应，但对 MPG(100mmol/L)+IMP(1mmol/L)没有反应[图 8.10(a)，(c)]。相反，MPG+IMP 反应细胞(132 个记录细胞中有 8 个细胞；$\Delta F/F$= 6.7%±1.5%)对 *γ*-Glu-Val-Gly 没有反应[图 8.10(b)，(d)]。这些数据表明，在不同细胞上发现的不同受体对 *γ*-Glu-Val-Gly 和 MPG+IMP 产生 Ca^{2+} 反应[图 8.10(c)]。在对每种激动剂有反应的细胞中，我们不能排除对另一种激动剂产生低于检测阈值反应的可能性。然而，这些结果强调，味觉组织本身对 CaSR 配体的反应是高度不均匀的，并且与所提出的鲜味受体的反应有明显的差异。

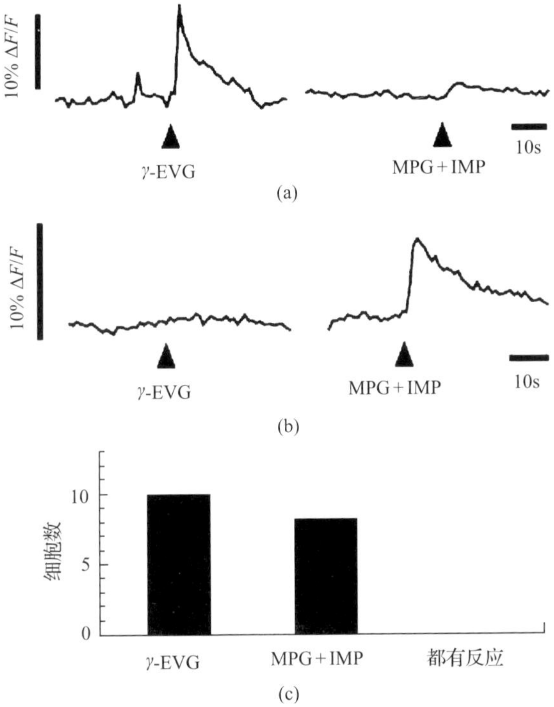

图 8.10　γ-Glu-Val-Gly 响应的味觉细胞不同于 MPG+IMP 响应的细胞

(a)在小鼠舌轮廓乳头切片标本中记录的味觉细胞反应。用 γ-Glu-Val-Gly（100μmol/L）和 MPG（100mmol/L）+IMP（1mmol/L）依次刺激。结果显示 γ-Glu-Val-Gly 反应细胞(a)和 MPG+IMP 反应细胞(b)有叠加。对 γ-Glu-Val-Gly 的反应仅在对 MPG+IMP 没有响应的细胞中观察到。(c)我们从 16 个舌切片的 132 个 Calcium Green-标记的味觉细胞中得到的结果。10 个被染料标记的细胞为 γ-Glu-Val-Gly 响应细胞，而在 132 个细胞中有 8 个细胞对 MPG+IMP 刺激有反应。我们没有发现对两种物质都有反应的细胞

6. 生理反应与分子表达相关

如上所述，在舌切片制备中，我们记录了 Ca^{2+} 对 100μmol/L γ-Glu-Val-Gly 和 100mmol/L MPG 的反应。舌切片味觉细胞的功能性响应可分为两类。我们的下一步是测试通过功能成像确定的两种味觉反应细胞是否对应到由 CaSR 和鲜味受体亚基 T1R3 的表达确定的两类细胞上(Li 等，2002)。我们设计了独立于上述方法的新的方法来区分 CaSR 表达细胞和 T1R3 细胞。为了鉴定这些受体，我们用双重免疫组织化学方法检测了小鼠舌轮廓乳头的 CaSR 和 T1R3。免疫染色的舌轮廓乳头的例子如图 8.11 所示。在味觉细胞亚群中观察到 CaSR 免疫荧光信号的存在。在 63 个轮廓味蕾中，502 个味觉细胞表达 CaSR，347 个味觉细胞表达 T1R3。只有 3 个细胞(0.6%的 CaSR 阳性味觉细胞)同时表达 CaSR 和 T1R3(图 8.11)。这些数据表明大多数味觉细胞表达 CaSR、T1R3 或两者都不表达。

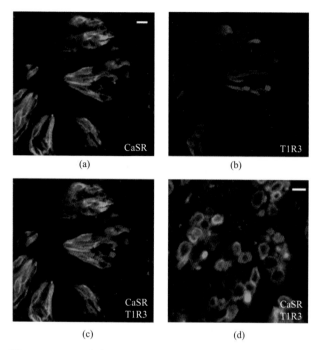

图 8.11　CaSR 存在于不表达鲜/甜味受体亚基的其他细胞中

(a)～(c)用抗 CaSR(a)和 T1R3(b)抗体进行免疫染色的舌轮廓味蕾的纵切面。(c)(a)和(b)的叠加。

(d)用抗 CaSR(绿色)和 T1R3(红色)抗体免疫染色的舌轮廓味蕾的横切面。标尺为 20μm

8.2.4　讨论

在这项研究中，我们使用了一种从舌轮廓乳头切片，它允许人们选择性地在味觉细胞的顶端化学感受器尖端上使用呈味剂，同时避免刺激味蕾的非味觉细胞和基底外侧区域(Maruyama 等，2006)。本报告提供的数据表明 CaSR 配体诱导小鼠轮廓味觉细胞的细胞反应。我们发现在轮廓乳头中有 6.5%的味觉细胞对 Kokumi 物质有反应。该值与免疫组织化学结果(6.8%CaSR 阳性细胞/味蕾)相当。此外，与之前的估计相比，在相同的处理下，28%的细胞对苦味有反应(Caicedo 等，2002)和 5%对鲜味(谷氨酸单钾)刺激(Maruyama 等，2006)有反应。味觉细胞激活 Ca^{2+} 反应所需的 γ-Glu-Val-Gly 的阈值浓度为 3μmol/L，这与人类感官评价的结果一致(Ohsu 等，2010)。我们还观察到，人和小鼠这两个物种对 CaSR 激动剂的反应具有非常相似的特征(Maruyama 等，2012)。因此，小鼠实验的结果可以外推到人类 CaSR 实验的结果。此外,在舌切片和异体实验中,CaSR 抑制剂 NPS-2143 会抑制 CaSR 激动剂诱导的味觉细胞反应。此外，味觉细胞对多种 CaSR 激动剂有反应，包括疏水性(西那卡塞)和亲水性(GSH 和 γ-Glu-Val-Gly)Kokumi 物质。味蕾在味孔周围有紧密的连接(例如，claudin 4 和 8)，并为细胞扩散维持一个高度特异的通透性屏障(Michlig 等, 2007)。推测 CaSR 激动剂(Kokumi 物质)，特别是亲水性 GSH 和 γ-Glu-Val-Gly，只能通过味觉细胞顶端的微绒毛进入并激活 CaSR。综上所述，本研究的数据表明 CaSR 与小鼠的味觉传导有关。

人体感官分析表明 CaSR 激动剂增强鲜味和甜味强度，被称为 Kokumi 味 (Ohsu 等, 2010)。我们预期 CaSR 激动剂会在鲜味细胞或甜味细胞中引起反应。 Tordoff 和他的同事们报告说，钙会引起小鼠的食欲行为(McCaughey 等, 2005)。 他们最近的研究表明 CaSR 与甜味和咸味受体亚单位 T1R3 形成二聚体(Tordoff 等, 2008)。然而，令人惊讶的是，CaSR 激动剂在不同于鲜味细胞或甜味细胞的味觉细胞中诱导了细胞反应。CaSR 和 T1R3 的双重免疫组织化学结果也支持这一观察结果。味觉细胞中的信号传导，特别是鲜味、甜味和苦味的信号传导，已经研究得较为清楚了。鲜味受体(T1R1+T1R3)和甜味受体(T1R2+T1R3)激动剂已经被鉴定出来(Li 等, 2002; Montmayeur 等, 2001; Nelson 等, 2001; Nelson 等, 2002)，这些受体的激活引起表达受体的味觉细胞反应(例如，短暂的钙离子变化和 ATP 分泌)。 这些发现证明了 CaSR 参与了 Kokumi 信号传导，并表明 CaSR 并不直接参与鲜味或甜味的信号传导。在对每种激动剂都有反应的细胞中，我们不能排除味蕾内细胞间信号传递的可能性。

我们的结果表明，对 Kokumi 物质有响应的味觉细胞既有突触前味觉细胞， 也有非突触前味觉细胞。此外，研究结果表明，在突触前味觉细胞和非突触前味觉细胞内，这些刺激物通过释放的细胞内 Ca^{2+} 引起 Ca^{2+} 反应。Kokumi 物质响应对味觉细胞的确切分类仍有待确定。San Gabriel 等人报道了 CaSR 阳性味觉细胞共表达 PLCβ2[受体(Ⅱ型)细胞标记物]或 NCAM(在大鼠味蕾中的表达突触前细胞标记物)(San Gabriel 等, 2009)。结合这些观察，CaSR 至少在Ⅱ型和Ⅲ型味觉细胞中表达。Kokumi 物质响应细胞的激活可调节同一味蕾中感觉传入纤维和/或邻近味觉细胞的活动(Maruyama 等, 2006; Huang 等, 2005; Huang 等, 2007)。受体细胞释放的 ATP 可能会刺激初级感觉传入纤维(Finger 等, 2005)。ATP 也可以作为旁分泌递质，作用于味蕾内的细胞(Huang 等, 2007; Dando & Roper, 2009; Romanov 等, 2007)。我们的实验并不是为了区分这些可能性，这两种可能性都是未知数。

最近，Bystrova 等人报道，只有Ⅲ型味觉细胞对 CaSR 激动剂有反应。然而， 在我们的研究中，所有测试的 CaSR 激动剂都诱导了Ⅱ型和Ⅲ型味觉细胞的反应。 我们不知道这种差异的原因；味觉细胞分离过程中的酶处理可能会影响细胞反应。 在 PLCβ2 阳性的Ⅱ型味觉细胞中，CaSR 在 T1R3 阴性味觉细胞中表达。CaSR 是否在苦味受体 T2R 阳性细胞中表达尚不清楚。

我们的研究结果表明，Kokumi 物质诱导的$[Ca^{2+}]_i$增加主要是通过动员细胞内储存的 Ca^{2+} 而产生，因为 Ca^{2+} 反应基本上不受细胞外 Ca^{2+} 耗竭的影响。相反，

U73122 预处理可显著抑制反应，表明磷脂酶 C 参与了 Kokumi 信号转导。这些结果直接证明了味觉细胞中存在一种功能性 Kokumi 受体，并与 Ca^{2+} 的动员作用相结合。一般来说，$[Ca^{2+}]_i$ 在味觉细胞中的反应似乎依赖于两种来源的 Ca^{2+}。对于去极化刺激(KCl)，Ca^{2+} 内流是通过激活突触前味觉细胞中的电压门控 Ca^{2+} 通道来诱导(DeFazio 等，2006; Huang 等，2005; Roberts 等，2009)。有趣的是，无论是钙泵抑制剂(thapsigargin)还是 U73122 都不能完全消除 Kokumi 刺激诱发的 Ca^{2+} 反应。这是否代表一个其他的小途径仍不清楚。

综上所述，我们的结果表明，Kokumi 物质响应细胞是突触前味觉细胞和非突触前味觉细胞。我们观察到部分 Kokumi 物质应答细胞对鲜味(MPG)或甜味(SC45647)刺激没有反应。Kokumi 味被定义为是鲜味和甜味的增强剂。Kokumi 物质应答的味觉细胞可能与增强这些基本味觉的现象有关。

8.3 Kokumi γ-谷氨酰肽的结构与 CaSR 活性的关系

摘要 已有研究表明，Kokumi γ-谷氨酰肽是通过人味觉细胞中的钙敏感受体(CaSR)感知的。因此，我们假设，如果能发现高活性的 CaSR 激动肽就能够产生实际的 Kokumi 肽。我们分析了 γ-谷氨酰肽与 CaSR 活性的关系，发现具有强烈的 CaSR 活性的 γ-谷氨酰肽的结构有如下要求：N 末端存在 γ-L-谷氨酰胺基残基；L-构型第二个残基处存在中等大小的脂肪族中性取代基；以及 C 端有羧酸，优选甘氨酸作为第三个氨基酸。用 CaSR 活性测定和感官评定筛选出的 γ-谷氨酰肽的感官分析表明，含正缬氨酸的 γ-谷氨酰肽、γ-谷氨酰-正缬氨酰-甘氨酸和 γ-谷氨酰-正缬氨酸是比 γ-谷氨酰-缬氨酰-甘氨酸更有效的 Kokumi 肽。

8.3.1 引言

细胞外钙敏感受体(CaSR)是一种七跨膜的 G 蛋白偶联受体(GPCR)，属于 GPCR 超家族的 C 家族(Brown 等，1993)。这种受体在包括甲状旁腺和肾脏在内的多个组织和器官上表达，在维持哺乳动物细胞外钙稳态中起核心作用(Chattopadhyay 等，1997)。CaSR 能感知血钙水平的增加，CaSR 抑制甲状腺旁激素的分泌，刺激降钙素的分泌，诱导尿钙排泄，使血钙水平降至正常范围。CaSR 不仅在甲状旁腺和肾脏中表达，还在许多其他器官中表达，包括肝脏、心脏、肺、胃肠道、胰腺和中枢神经系统，这表明它在多种生物学功能中起作用(Brown & MacLeod, 2001)。据报道，CaSR 可被多种物质激活，如阳离子(Ca^{2+}、Mg^{2+}、Gd^{3+})、碱性肽(鱼精蛋白和聚赖氨酸)和多胺(精胺)(Brown & MacLeod, 2001)。CaSR 在小鼠和大鼠的味觉细胞亚群中表达(Bystrova 等，2010; San Gabriel 等，2009)，研究者认为 CaSR 在味觉细胞生物学中具有潜在的作用。Ninomiya 等(1982)表明小鼠的一组味觉传入神经纤维对钙和镁有反应。已报道几种化合物具有 CaSR 激动剂活性。大的细胞外维纳斯捕蝇区(VFD)是所有成员的 C 类 GPCRs 的一个共同结构，其氨基酸是已知的。芳香族氨基酸(如组氨酸、色氨酸、苯丙氨酸和酪氨酸)能强烈激活 CaSR，而其他氨基酸(如精氨酸、赖氨酸、缬氨酸或甘氨酸)只能弱激活 CaSR。人们认为所有的氨基酸都是通过它们的氨基和羧基与 VFD 结合口袋结合的(Conigrave 等, 2000; Conigrave & Hampson, 2006)。据报道 γ-谷氨酰肽可与 CaSR 大的细胞外 VFD 结合(Wang 等, 2006; Broadhead 等, 2011)。

如前几节所示，研究者认为，Kokumi γ 氨酰肽是通过人味觉细胞的 CaSR 来感知的。众所周知，当添加到基本滋味溶液或食物中时，Kokumi 物质会改变五种基本口味(特别是甜味、咸味和鲜味)，而在实验浓度时它们自身没有味道(Ueda 等, 1990; Ueda 等, 1997; Dunkel 等, 2007)。因此，可以 CaSR 活性测定为指标，对 γ-谷氨酰肽进行高通量初筛，再通过感官评价对其进行鉴定。因此，寻找能激活 CaSR 的肽可能会发现其他实用的 Kokumi γ-谷氨酰肽。

在本研究中，我们通过将 γ-Glu-Cys-Gly(谷胱甘肽一种代表性的 Kokumi 物质)分为三部分，即 N 末端、第二残基和 C 末端，阐明能激活 CaSR 的 γ-谷氨酰肽的结构要求。每一部分都根据先前关于 γ-Glu-Cys-Gly(谷胱甘肽)构效关系的研究进行了改性(Cobb 等, 1982; De Craecker 等, 1997; Leslie 等, 2003)。以 CaSR 活性检测为指标，筛选出由非蛋白原氨基酸：D-氨基酸和 α-羟基酸组成的改性 γ-谷氨酰肽。

8.3.2　材料和方法

1. 材料

肽合成所用化学品从 Bachem AG(瑞士)、Watanabe Chemical Industries, Ltd.(日本)或 Kokusan Chemical Co., Ltd.(日本)获得。市售肽样品直接从 Sigma-Aldrich(美国)、Dojin Chemical Laboratory(日本)、Bachem AG 和 Kokusan Chemical (日本)处购买，直接使用。蛋白原氨基酸的二肽和三肽样品是由日本 Kokusan 化学有限公司和肽研究所公司合成。其他包含非蛋白原氨基酸的肽和四肽，由我们实验室采用液相合成法合成，并通过 ¹H 核磁共振谱[Bruker AVANCE400(400MHz)]和电喷雾电离(ESI)-质谱(Thermo Quest TSQ700)对其进行了表征。肽合成的方法参考 Amino 等(2016)的报道。

2. cRNA 的制备

人类 CaSR 的 cDNA 之前已有报道(Ohsu 等, 2010)。用聚合酶链反应(PCR)方法从人肾 cDNA(克隆体)中制备人 CaSR-cRNA。合成引物寡核苷酸 DNA(前向引物 N, 5′-ACTAATACGACTCACTATAGGGACCATGGCATTTTA TAGCTGCTGCTGG-3′; 反向引物 C, 5′-TTATGAATTCACTACGTTTTCTGTAA CAG-3′国家生物技术信息中

心[NCBI]注册号 NM_000388），并使用 PfuUltra DNA 聚合酶(Stratagene, 美国)进行 PCR 扩增。在94℃下反应3分钟后，反应循环(94℃下30s, 55℃下30s, 72℃下2min)重复35次，然后在72℃下反应7min。质粒载体 pBR322(TaKaRa, 日本)用限制性酶 EcoRV 消化，PCR 产物用连接试剂盒连接到 pBR322 的 EcoRV 裂解位点(美国 Promega)。以该序列为模板，用 cRNA 制备试剂盒(Ambion, USA)合成 hCaSR cRNA。

3. 用非洲爪蟾卵母细胞测定 CaSR 活性

用微量注射 hCaSR cRNA 的卵母细胞来表征 CaSR 激动剂诱导的电流(Ohsu 等, 2010)。简单地说，非洲爪蟾卵巢叶被手术切除，去泡沫，并用 II 型胶原蛋白酶处理。将大约10~20ng 的 hCaSR cRNA 微量注射到卵母细胞中，并在15℃的 Barth 溶液中培养卵母细胞36~48小时。卵母细胞表达的 CaSR(Gq-GPCR)激活导致细胞间钙离子浓度增加，同时激活内源性钙依赖性氯离子通道。卵母细胞通过两个电压钳配置的电极和 GeneClamp 500(Axon)刺穿，并使用 AxoScope 9.0 记录软件(Axon)在−70mV 的膜电位下记录反应。用含0.1~1000μmol/L 的 CaSR 激动剂的灌注缓冲液[96mmol/L 氯化钠(NaCl)、2mmol/L 氯化钾(KCl)、1mmol/L 氯化镁($MgCl_2$)、1.8mmol/L 氯化钙($CaCl_2$)和5mmol/L 4-(2-羟乙基)-1-哌嗪乙磺酸(HEPES)缓冲液(pH 7.2)]激发卵母细胞。记录的峰值电流表明受体激活的强度。未注射的卵母细胞对钙或测试的 CaSR 激动剂没有反应。

4. 使用 HEK-293 细胞测定 CaSR 活性

根据前面(8.1 节)所述的方法，使用表达 hCaSR 的 HEK-293 细胞测定 CaSR 活性。

5. Kokumi 肽味觉识别阈浓度的测定

通过感官评定方法确定 Kokumi 肽的味觉识别阈浓度。本研究中将评价员能够辨别出与不含肽的标准的鲜咸溶液[0.05%味精(MSG)、0.05%肌苷酸二钠(IMP)、0.5%NaCl]相比，味觉强度增加时的最小肽浓度为识别阈浓度。每种肽用标准的鲜咸溶液配制七个不同浓度的样品溶液进行初步的感官评价，具体浓度如下：γ-Glu-Val-Gly，0.05ppm、0.1ppm、0.2ppm、0.5ppm、1.0ppm、2.0ppm 和5.0ppm；γ-Glu-Nva-Gly，0.002ppm、0.005ppm、0.001ppm、0.02ppm、0.05ppm、0.1ppm 和0.2ppm；γ-Glu-Nva，0.005ppm、0.01ppm、0.02ppm、0.05ppm、0.1ppm、0.2ppm 和0.5ppm。感官评价小组由五名训练有素的评价员组成(都是男性，年龄在24~52岁)。按照给定的顺序和相反的顺序品尝这些样品，并将它们与不含肽的标准溶液进行比较。评价员的阈值是通过在三个独立实验中每个评价员的平均阈值估计而来的。人体感官分析实验遵循《赫尔辛基宣言》的精神，并获得所有评估人员的知情同意。实验程序得到味之素食品科学与技术研究所伦理委员会的批准。

8.3.3　结果与讨论

1. γ-谷氨酰二肽(γ-谷氨酸-X)的 CaSR 活性

我们研究了 γ-谷氨酰二肽(γ-谷氨酸-X)的 CaSR 活性，发现所有 α-二肽都没有活性的，而大部分活性二肽都具有"γ-谷氨酰"结构(数据未显示)。N 端谷氨酸与第二残基之间存在 γ-肽键是活性二肽最明显的结构特征。C 类 GPCRs 的一个共同特征是存在氨基酸结合位点。由于 γ-谷氨酰二肽具有 α-氨基酸结构，因此推测某些 γ-谷氨酰二肽可能激活 CaSR。

γ-谷氨酰二肽的 CaSR 活性见表 8.1。在具有蛋白原性氨基酸的 γ-谷氨酰二肽中，γ-Glu-Cys 活性最强，γ-Glu-Val 活性相对较强。相反，一些 γ-谷氨酰二肽如 γ-Glu-Asn、γ-Glu-Asp、γ-Glu-Gln、γ-Glu-Glu、γ-Glu-Lys、γ-Glu-His、γ-Glu-Phe 和 γ-Glu-Tyr 等都没有活性。侧链结构大或者带正/负电荷会抑制观察到的活性。在含有非蛋白原性氨基酸的 γ-谷氨酰二肽中，γ-Glu-Nva(Nva，正缬氨酸)、γ-Glu-Cle(Cle，环亮氨酸)，以及 γ-Glu-Abu[Abu，(S)-2-氨基丁酸]显示出与 γ-Glu-Cys 几乎相当的 CaSR 活性。这些结果表明，半胱氨酸残基上的巯基对 CaSR 活性来说不是必要的，但是高活性的肽必须要有中小型中性烷基侧链。含有 D-氨基酸(即 γ-Glu-D-Val)的 γ-谷氨酰胺二肽没有活性。此外，α-Glu-Val 和 γ-D-Glu-Val 均未显示出任何活性，表明 CaSR 活性需要 γ-L-谷氨酰胺键。C 端羧基的取代为酰胺基(γ-Glu-Val-NH$_2$)、甲氧羰基(γ-Glu-Val-OMe)或羟甲基(γ-Glu-Val-ol)后的化合物活性极弱，说明第三个氨基酸中的羧基对 CaSR 活性有重要的影响。

表 8.1　用非洲爪蟾卵母细胞和 HEK-293 细胞测定 γ-Glu-X 肽的钙敏感受体(CaSR)活性

γ-Glu-X 肽	CaSR 活性/(μmol/L)	
	非洲爪蟾卵母细胞 [a]	HEK-293 细胞 [b]
γ-Glu-Cys	3	0.16～0.46
γ-Glu-Val	10	1.03
γ-Glu-Ala	50	1.24
γ-Glu-Thr	50	6.97
γ-Glu-Leu	100	5.07
γ-Glu-Ile	100	9.91
γ-Glu-Ser	300	11.0
γ-Glu-Orn	500	70.4
γ-Glu-Met	500	
γ-Glu-Asn		159

续表

γ-Glu-X 肽	CaSR 活性/(μmol/L)	
	非洲爪蟾卵母细胞 [a]	HEK-293 细胞 [b]
γ-Glu-Gly	1000	200
γ-Glu-Trp		300
γ-Glu-Pro		409
γ-Glu-Asp		无活性
γ-Glu-Gln		无活性
γ-Glu-Glu		无活性
γ-Glu-Lys		无活性
γ-Glu-His		无活性
γ-Glu-Phe		无活性
γ-Glu-Tyr		无活性
γ-Glu-Cys(Me)	30	
γ-Glu-Tau	300	
γ-Glu-Cys(Me)(O)	300	
γ-Glu-Met(O)	1000	
γ-Glu-Nva		0.12
γ-Glu-Cle		0.15
γ-Glu-Abu		0.21
γ-Glu-Ape		0.49
γ-Glu-Cys(carboxymethyl)		1.69
γ-Glu-Tle		3.06
γ-Glu-Ser(Me)		3.19
γ-Glu-Nle		4.41
γ-Glu-β-homoAla		5.53
γ-Glu-allo-Ile		8.87
γ-Glu-Aib		15.4
γ-Glu-D-Val	无活性	
γ-D-Glu-Val	无活性	
α-Glu-Val	无活性	
γ-Glu-Val-NH$_2$	无活性	
γ-Glu-Val-OMe	1000	
γ-Glu-Val-ol	1000	

注：Cys(Me)，S-(甲基)-半胱氨酸；Tau，牛磺酸；Cys(Me)(O)，S-(甲基)-半胱氨酸亚砜；Met(O)，蛋氨酸亚砜；Nva，正缬氨酸；Cle，环亮氨酸；Abu 2，氨基丁酸；Ape 3，氨基戊酸；Cys(Carboxymethyl)，S-(羧甲基)-半胱氨酸；Tle，叔亮氨酸；Ser(Me)，O-甲基丝氨酸；Nle，正亮氨酸；β-homoAla，3-氨基丁酸，Aib，α-甲基丙氨酸；Val-ol，缬氨醇。

a 最低有效浓度。

b EC$_{50}$ 值。

2. γ-谷氨酰三肽($γ$-Glu-X-Gly)的 CaSR 活性

经中心位置修饰的 $γ$-Glu-X-Gly 类似物的 CaSR 活性如表 8.2 所示。表中显示了 $γ$-谷氨酰残基半胱氨酸侧链被一个大的疏水性、碱性或酸性侧链取代的三肽的结果。如表 8.2 所示，$γ$-Glu-Arg-Gly、$γ$-Glu-Asn-Gly、$γ$-Glu-Asp-Gly、$γ$-Glu-Gln-Gly、$γ$-Glu-Glu-Gly、$γ$-Glu-His-Gly、$γ$-Glu-Lys-Gly、$γ$-Glu-Met-Gly、$γ$-Glu-Orn-Gly、$γ$-Glu-Phe-Gly 和 $γ$-Glu-Tyr-Gly 没有活性。半胱氨酸侧链被侧链或中小尺寸疏水侧链取代的三肽显示出中高等的 CaSR 活性。将含有 $β$-支链侧链的 Val 作为第二残基($γ$-Glu-Val-Gly)掺入后，可产生 EC_{50} 值比 $γ$-Glu-Cys-Gly 低 30 倍的激动剂，表明 $γ$-Glu-Val-Gly 作为 CaSR 激动剂比 $γ$-Glu-Cys-Gly 更有效。此外，加入非蛋白源性的含一到三个碳原子或两个碳原子和一个硫(氧)原子的中小尺寸疏水侧链的 L-氨基酸后形成强激动剂。由于 $γ$-Glu-Nva-Gly 的活性比 $γ$-Glu-Nle-Gly(Nle；正亮氨酸)高两个数量级，因此必须严格控制活性表达的空间要求。然而，含有 D-氨基酸残基的 $γ$-谷氨酰三肽(即 $γ$-Glu-D-Val-Gly)是没有活性的。这些结果表明，第二个残基的侧链必须具有适当的尺寸和方向，才能激活 CaSR。在三肽中，半胱氨酸巯基被认为起重要作用，但不是 CaSR 活性所必需的。因此，$γ$-谷氨酰三肽的 CaSR 激动剂功能与巯基的功能无关。

表 8.2　用非洲爪蟾卵母细胞和 HEK-293 细胞测定 $γ$-Glu-X-Gly 肽的钙敏感受体(CaSR)活性

$γ$-Glu-X-Gly 肽	CaSR 活性	
	非洲爪蟾卵母细胞[a]	HEK-293 细胞[b]
$γ$-Glu-Val-Gly	0.1	0.030~0.075
$γ$-Glu-Cys-Gly	3	0.7
$γ$-Glu-Ala-Gly	10	0.016
$γ$-Glu-Ser-Gly	10	
$γ$-Glu-Gly-Gly	30	
$γ$-Glu-Ile-Gly	100	
$γ$-Glu-Thr-Gly	300	2.8
$γ$-Glu-Leu-Gly	300	
$γ$-Glu-Pro-Gly	300	
$γ$-Glu-Arg-Gly		无活性
$γ$-Glu-Asn-Gly		无活性
$γ$-Glu-Asp-Gly		无活性
$γ$-Glu-Gln-Gly		无活性
$γ$-Glu-Glu-Gly		无活性
$γ$-Glu-His-Gly		无活性

续表

γ-Glu-X-Gly 肽	CaSR 活性	
	非洲爪蟾卵母细胞 [a]	HEK-293 细胞 [b]
γ-Glu-Lys-Gly		无活性
γ-Glu-Met-Gly		无活性
γ-Glu-Orn-Gly		无活性
γ-Glu-Phe-Gly		无活性
γ-Glu-Tyr-Gly		无活性
γ-Glu-Cys (Me) -Gly	3	
γ-Glu-Abu-Gly	3	0.025
γ-Glu-Algly-Gly		0.011
γ-Glu-Ser (Me) -Gly		0.037
γ-Glu-Nva-Gly		0.052～0.055
γ-Glu-Tle-Gly		0.043～0.090
γ-Glu-Pen-Gly		0.16～0.23
γ-Glu-Aib-Gly		0.35～1.17
γ-Glu-Cle-Gly		0.5～1.5
γ-Glu-*allo*-Ile-Gly		0.63
γ-Glu-*allo*-Thr-Gly		0.7
γ-Glu-Hse-Gly		1.18
γ-Glu-Cys (*n*-butyl) -Gly		4
γ-Glu-Nle-Gly		5
γ-Glu-Cys (1,2-dicarboxyethyl) -Gly		5～10
γ-Glu-Cys (allyl) -Gly	100	
γ-Glu-Cys (*n*-propyl) -Gly		117

注：Algly，α-烯丙基甘氨酸；Pen，青霉胺；Hse，高丝氨酸；Cys (*n*-butyl)，*S*-（正丁基）-半胱氨酸；Cys (allyl)，*S*-（烯丙基）-半胱氨酸；Cys (*n*-propyl)，*S*-（正丙基）-半胱氨酸。

a 最低有效浓度。

b EC_{50} 值。

3. γ-Glu-Val-Y N 端和 C 端修饰类似物的 CaSR 活性

经第三位修饰的 γ-Glu-Val-Y 类似物及其他三肽和四肽的 CaSR 活性如表 8.3 所示。用 β-天冬氨酰残基 (β-Asp-Val-Gly) 或 γ-D-谷氨酰残基取代 γ-谷氨酰残基 (γ-D-Glu-Val-Gly) 导致三肽活性丧失。α-谷氨酰肽 α-Glu-Val-Gly 活性较弱，几乎所有 C 端修饰的含有蛋白原氨基酸的 γ-Glu-Val-Gly 类似物都具有活性。然而，所有三肽 C 末端修饰的类似物的活性均低于 γ-Glu-Val-Gly。用 Gln 和 Cys 替代 Gly

产生的三肽(γ-Glu-Val-Gln 和 γ-Glu-Val-Cys)活性比 γ-Glu-Val-Gly 低三个数量级。β-Ala(β-丙氨酸)或 D-氨基酸，如 D-Ala 和 D-Ser 取代 Gly 得到的肽(γ-Glu-Val-β-Ala、γ-Glu-Cys-β-Ala、γ-Glu-Abu-β-Ala、γ-Glu-Ala-β-Ala、γ-Glu-Val-D-Ala、γ-Glu-Val-D-Ser)没有活性或活性很弱。用 α-羟基酸，如乙醇酸或 L-乳酸代替 Gly 得到的肽(γ-Glu-Val-乙醇酸、γ-Glu-Abu-乙醇酸、γ-Glu-Tle-乙醇酸、γ-Glu-Val-L-乳酸、γ-Glu-Abu-L-乳酸和 γ-Glu-Tle-L-乳酸)具有与 γ-Glu-Val-Gly 相似的 CaSR 活性。在 γ-Glu-Val-Gly 的 C 端增加一个氨基酸的四肽中，γ-Glu-Val-Gly-Gly 和 γ-Glu-Val-Gly-Gln 活性较弱。

表 8.3　用非洲爪蟾卵母细胞和 HEK-293 细胞测定 γ-Glu-Val-Y 肽的钙敏感受体(CaSR)活性

γ-Glu-Val-Y 肽	CaSR 活性	
	非洲爪蟾卵母细胞 [a]	HEK-293 细胞 [b]
γ-Glu-Val-Gly	0.1	0.030～0.075
γ-Glu-Val-Gln	10	0.3～0.5
γ-Glu-Val-Cys	10	3.7
γ-Glu-Val-Pro	30	
γ-Glu-Val-Ser	30	
γ-Glu-Val-Phe	30	
γ-Glu-Val-Asn	30	2.8
γ-Glu-Val-Orn	100	
γ-Glu-Val-His	100	
γ-Glu-Val-Ala	300	
γ-Glu-Val-Thr	1000	
γ-Glu-Val-Met	1000	
γ-Glu-Val-Asp	1000	
γ-Glu-Val-Arg	1000	
γ-Glu-Val-Lys	1000	
γ-Glu-Val-Glu	1000	
γ-Glu-Val-Val	1000	
γ-Glu-Val-D-Ala		1.26
γ-Glu-Val-D-Ser		4.27
γ-Glu-Ala-Leu		4.17
γ-Glu-Abu-Leu		2.49
γ-Glu-Abu-Pro		4.59
γ-Glu-D-Val-Gly		无活性
γ-D-Glu-Val-Gly		无活性
γ-D-Glu-D-Val-Gly	100	无活性

续表

γ-Glu-Val-Y 肽	CaSR 活性	
	非洲爪蟾卵母细胞 [a]	HEK-293 细胞 [b]
α-Glu-Val-Gly		>10
α-D-Glu-Val-Gly		无活性
α-Glu-D-Val-Gly		无活性
α-D-Glu-D-Val-Gly		无活性
β-Asp-Val-Gly		无活性
β-Asp-Val-β-Ala		无活性
γ-Glu-Val-β-Ala		无活性
γ-Glu-Cys-β-Ala		5~10
γ-Glu-Abu-β-Ala		2.45
γ-Glu-Ala-β-Ala		9.96
γ-Glu-Val-Gly-Gly		4.91
γ-Glu-Val-Gly-Gln		2.03
γ-Glu-Val-乙醇酸		0.05
γ-Glu-Abu-乙醇酸		0.14
γ-Glu-Tle-乙醇酸		0.065~0.079
γ-Glu-Val-L-乳酸		0.102
γ-Glu-Abu-L-乳酸		0.038
γ-Glu-Tle-L-乳酸		0.057

a 最低有效浓度。

b EC$_{50}$ 值。

4. γ-谷氨酰肽的 CaSR 活性概述

几种二肽和三肽类似物的 CaSR 活性表明了 γ-谷氨酰残基对调节肽活性的重要性，但有少数例外。精确的排列以及 N 端残基上两个带电荷基团的存在对于介导肽与 CaSR 的结合至关重要。如 Val、Abu、Nva、α-烯丙基甘氨酸(Algly)、O-(甲基)-丝氨酸[Ser(Me)]和叔亮氨酸(Tle)中所观察到的 L-构型第二残基上的一个小到中型侧链，很可能以活性方向增强肽与受体位点的结合。第三个残基特别是具有游离羧基末端且没有侧链的残基(如 Gly)的存在显著地提高了肽的活性。但是，有这种 C 末端第三残基的存在更好，但不是活性的必要条件。这些发现与 Wang 等(2006)和 Broadhead 等(2011)的报道一致，他们也讨论了 γ-谷氨酰三肽的 N 端氨基酸和 C 端羧基与 CaSR 的活性之间的相互作用的重要性。

图 8.12 显示了 γ-Glu-Val-Gly 和 CaSR 之间可能的相互作用，其中 VFD 连接

γ-Glu-Val-Gly。γ-谷氨酰肽与 CaSR 的 VFD 之间必须发生以下三种相互作用：具有两性离子结合位点的 γ-L-谷氨酰胺残基，它具有一个 VFD 氨基酸结合位点；Val 的疏水性侧链具有疏水性相互作用位点；甘氨酸的 C 端羧酸有离子结合位点。

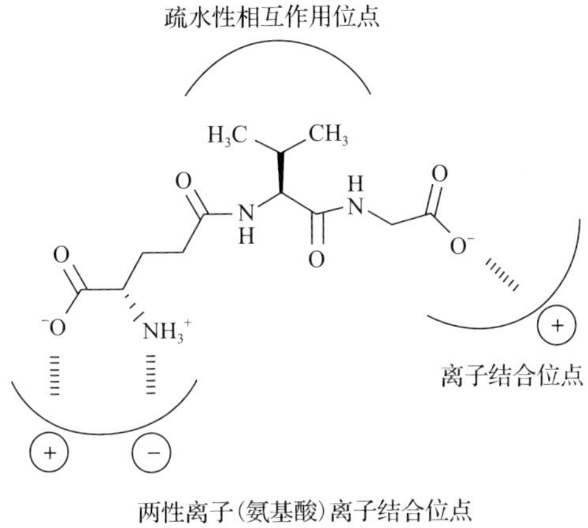

图 8.12　γ-Glu-Val-Gly 和 CaSR 可能的相互作用

5. Kokumi γ-谷氨酰肽的感官活性

以 CaSR 活性测定法筛选出 γ-谷氨酰肽进行感官分析。CaSR 试验中 γ-Glu-Val-Gly、γ-Glu-Nva-Gly 和 γ-Glu-Nva 的 EC_{50} 值分别为 0.030~0.075μmol/L、0.052~0.055μmol/L 和 0.12μmol/L，而 γ-Glu-Cys-Gly（谷胱甘肽）的 EC_{50} 值为 0.7μmol/L。

感官评价结果见表 8.4。γ-Glu-Nva-Gly 的味觉识别阈为 0.028ppm（0.092μmol/L），γ-Glu-Nva 的味觉识别阈为 0.077ppm（0.31μmol/L）。这些值明显低于 γ-Glu-Val-Gly 的味觉识别阈（0.47ppm；1.55μmol/L）。虽然 Nva 是一种非蛋白源性氨基酸，但最近在人类血清样本中检测到 γ-Glu-Nva-Gly（Hirayama 等，2014）。

相对于 γ-Glu-Val-Gly，γ-Glu-Nva-Gly 和 γ-Glu-Nva 强烈感官活性的原因尚不完全清楚。目前正在研究这些肽的感官活性的定量分析，结果将在其他地方发表。

表 8.4　γ-Glu-Val-Gly、γ-Glu-Nva-Gly、γ-Glu-Nva 在鲜咸味溶液中的味觉识别阈

γ-谷氨酰肽	味觉识别阈	
	质量浓度/ppm	摩尔浓度/(μmol/L)
γ-Glu-Val-Gly	0.47	1.55
γ-Glu-Nva-Gly	0.028	0.092
γ-Glu-Nva	0.077	0.31

注：鲜咸味溶液中含 0.05% MSG、0.05%IMP 和 0.5%NaCl。

8.3.4 结论

研究了 γ-谷氨酰肽的结构与 CaSR 活性的关系，确定了 γ-谷氨酰肽具有较强的 CaSR 活性的结构要求：N 端存在 γ-L-谷氨酰残基；第二位存在 L-构型的中等大小的脂肪族中性取代基残基；C 端有羧酸，优选甘氨酸作为第三个氨基酸。通过 CaSR 活性测定和感官评定筛选出的 γ-谷氨酰肽的感官分析表明，γ-Glu-Nva-Gly 和 γ-Glu-Nva 是比 γ-Glu-Val-Gly 更有效的 Kokumi 肽。

致谢 我们衷心感谢味之素股份有限公司的 Kiyoshi Miwa 博士、Tohru Kouda 博士、Toshihisa Kato 博士、Naohiro Miyamura 博士和 Yuzuru Eto 博士对这项工作的鼓励和持续支持。我们也要感谢 Ken Iwatsuki 博士、Hisayuki Uneyama 博士和 Kunio Torii 博士提供抗体和宝贵的建议。我们感谢 Takeaki Ohsu、Sen Takeshita、Reiko Yasuda 和 Fumie Futaki 在 CaSR 活性测定方面提供的技术支持。我们感谢 Yusuke Amino 博士，Masakazu Nakazawa 博士，Yuki Tahara，Megumi Kaneko 和 Toshihiro Hatanaka 合成肽。我们感谢 Hiroaki Nagasaki、Tomohiko Yamanaka、Fusataka Kenmotsu、Takashi Miyaki、和 Takaho Tajima 实施感官分析实验，我们也感谢参与感官评价的评价员。

参 考 文 献

Amino Y, Nakazawa M, Kaneko M, Miyaki T, Miyamura N, Maruyama Y, Eto Y (2016) Structure-CaSR activity relation of Kokumi γ-glutamyl peptides. Chem Pharm Bull 64: 1181-1189

Bleasdale J E, Thakur N R, Gremban R S, Bundy G L, Fitzpatrick F A et al (1990) Selective inhibition of receptor-coupled phospholipase C-dependent processes in human platelets and polymorphonuclear neutrophils. J Pharmacol Exp Ther 255: 756-768

Broadhead G K, Mun H C, Avlani V A, Jourdan O, Church W B, Christopoulos A, Delbridge L, Conigrave A D (2011) Allosteric modulation of the calcium-sensing receptor by gamma-glutamyl peptides: inhibition of PTH secretion, suppression of intracellular cAMP levels, and a common mechanism of action with L-amino acids. J Biol Chem 286: 8786-8797

Brown E M, Gamba G, Riccardi D, Lombardi M, Butters R et al (1993) Cloning and characterization of an extracellular Ca^{2+}-sensing receptor from bovine parathyroid. Nature 366: 575-580. EM

Brown E M, MacLeod R J (2001) Extracellular calcium sensing and extracellular calcium signaling. Physiol Rev 81: 239-297

Bystrova M F, Romanov R A, Rogachevskaja O A, Churbanov G D, Kolesnikov S S (2010) Functional expression of the extracellular-Ca^{2+}-sensing receptor in mouse taste cells. J Cell Sci 123: 972-982

Caicedo A, Jafri M S, Roper S D (2000) In situ Ca^{2+} imaging reveals neurotransmitter receptors for glutamate in taste receptor cells. J Neurosci 20: 7978-7985

Caicedo A, Kim K N, Roper S D (2002) Individual mouse taste cells respond to multiple chemical stimuli. J Physiol 544: 501-509

Chattopadhyay N, Vassilev P M, Brown E M (1997) Calcium-sensing receptor: roles in and beyond systemic calcium homeostasis. Biol Chem 378: 759-768

Chaudhari N, Roper S D (2010) The cell biology of taste. J Cell Biol 190: 285-296

Cobb M H, Heagy W, Danner J, Lenhoff H M, Marshall G R (1982) Structural and conformational properties of peptides interacting with the glutathione receptor of hydra. Mol Pharmacol 21: 629-631

Conigrave A D, Hampson D R (2006) Broad-spectrum L-amino acid sensing by class 3 G-protein- coupled receptors. Trends Endocrinol Metab 17: 398-407

Conigrave A D, Quinn S J, Brown E M (2000) L-amino acid sensing by the extracellular Ca^{2+}-sensing receptor. Proc Natl Acad Sci U S A 97: 4814-4819

Dando R, Roper S D (2009) Cell-to-cell communication in intact taste buds through ATP signalling from pannexin 1 gap junction hemichannels. J Physiol 587: 5899-5906

De Craecker S, Verbruggen C, Rajan P K, Smith K, Haemers A, Fairlamb A (1997) Characterization of the peptide substrate specificity of glutathionylspermidine synthetase from *Crithidia fasciculata*. Mol Biochem Parasitol 84: 25-32

DeFazio R A, Dvoryanchikov G, Maruyama Y, Kim J W, Pereira E et al (2006) Separate populations of receptor cells and presynaptic cells in mouse taste buds. J Neurosci 26: 3971-3980

Dunkel A, Koster J, Hofmann T (2007) Molecular and sensory characterization of gamma-glutamyl peptides as key contributors to the Kokumi taste of edible beans (*Phaseolus vulgaris* L.). J Agric Food Chem 55: 6712-6719

Dvoryanchikov G, Tomchik S M, Chaudhari N (2007) Biogenic amine synthesis and uptake in rodent taste buds. J Comp Neurol 505: 302-313

Finger T E, Danilova V, Barrows J, Bartel D L, Vigers A J et al (2005) ATP signaling is crucial for communication from taste buds to gustatory nerves. Science 310: 1495-1499

Gowen M, Stroup G B, Dodds R A, James I E, Votta B J et al (2000) Antagonizing the parathyroid calcium receptor stimulates parathyroid hormone secretion and bone formation in osteopenic rats. J Clin Invest 105: 1595-1604

Helmchen G (2000) In: Yuste R, Lanni F, Konnerth A (eds) Calibration of fluorescent calcium indicators. Cold Spring Harbor Laboratory, Cold Spring Harbor

Hirayama A, Igarashi K, Tomita M, Soga T (2014) Development of quantitative method for determination of γ-glutamyl peptides by capillary electrophoresis tandem mass spectrometry: an efficient approach avoiding matrix effect. J Chromatogr 1369: 161-169

Huang A L, Chen X, Hoon M A, Chandrashekar J, Guo W et al (2006) The cells and logic for mammalian sour taste detection. Nature 442: 934-938

Huang L, Shanker Y G, Dubauskaite J, Zheng J Z, Yan W et al (1999) Gamma13 colocalizes with gustducin in taste receptor cells and mediates IP3 responses to bitter denatonium. Nat Neurosci 2: 1055-1062

Huang Y A, Maruyama Y, Stimac R, Roper S D (2008) Presynaptic (type III) cells in mouse taste buds sense sour (acid) taste. J Physiol 586: 2903-2912

Huang Y J, Maruyama Y, Dvoryanchikov G, Pereira E, Chaudhari N et al (2007) The role of pannexin 1 hemichannels in ATP release and cell-cell communication in mouse taste buds. Proc Natl Acad Sci U S A 104: 6436-6441

Huang Y J, Maruyama Y, Lu K S, Pereira E, Plonsky I et al (2005) Mouse taste buds use serotonin as a neurotransmitter. J Neurosci 25: 843-847

Iwatsuki K, Ichikawa R, Hiasa M, Moriyama Y, Torii K et al (2009) Identification of the vesicular nucleotide transporter (VNUT) in taste cells. Biochem Biophys Res Commun 388: 1-5

Kinnamon J C, Taylor B J, Delay R J, Roper S D (1985) Ultrastructure of mouse vallate taste buds. I. Taste cells and their associated synapses. J Comp Neurol 235: 48-60

Leslie E M, Bowers R J, Deely R G, Cole S P C (2003) Structural requirements for functional interaction of glutathione tripeptide analogs with the human multidrug resistance protein 1 (MRP1). J Pharmacol Exp Ther 304: 643-653

Li X, Staszewski L, Xu H, Durick K, Zoller M et al (2002) Human receptors for sweet and umami taste. Proc Natl Acad Sci U S A 99: 4692-4696

Maruyama Y, Pereira E, Margolskee R F, Chaudhari N, Roper S D (2006) Umami responses in mouse taste cells indicate more than one receptor. J Neurosci 26: 2227-2234

Maruyama Y, Yasuda R, Kuroda M, Eto Y (2012) Kokumi substances, enhancers of basic tastes, induce responses in calcium-sensing receptor expressing taste cells. PLoS One 7: e34489

McCaughey S A, Forestell C A, Tordoff M G (2005) Calcium deprivation increases the palatability of calcium solutions in rats. Physiol Behav 84: 335-342

Medler K F, Margolskee R F, Kinnamon S C (2003) Electrophysiological characterization of voltage-gated currents in defined taste cell types of mice. J Neurosci 23: 2608-2617

Michlig S, Damak S, Le Coutre J (2007) Claudin-based permeability barriers in taste buds. J Comp Neurol 502: 1003-1011

Montmayeur J P, Liberles S D, Matsunami H, Buck L B (2001) A candidate taste receptor gene near a sweet taste locus. Nat Neurosci 4: 492-498

Murray R G (1993) Cellular relations in mouse circumvallate taste buds. Microsc Res Tech 26: 209-224

Nelson G, Chandrashekar J, Hoon M A, Feng L, Zhao G et al (2002) An amino-acid taste receptor. Nature 416: 199-202

Nelson G, Hoon M A, Chandrashekar J, Zhang Y, Ryba N J et al (2001) Mammalian sweet taste receptors. Cell 106: 381-390

Ninomiya Y, Tonosaki K, Funakoshi M (1982) Gustatory neural response in the mouse. Brain Res 244: 370-373

Nofre G, Tinti J M, Chatzopoulos F O (1987) Sweetening agents. US patent 4921939

Ogura T, Kinnamon S C (1999) IP (3)-independent release of Ca^{2+} from intracellular stores: a novel mechanism for transduction of bitter stimuli. J Neurophysiol 82: 2657-2666

Ohsu T, Amino Y, Nagasaki H, Yamanaka T, Takeshita S et al (2010) Involvement of the calcium-sensing receptor in human taste perception. J Biol Chem 285: 1016-1022

Richter T A, Dvoryanchikov G A, Chaudhari N, Roper S D (2004) Acid-sensitive two-pore domain potassium (K2P) channels in mouse taste buds. J Neurophysiol 92: 1928-1936

Roberts C D, Dvoryanchikov G, Roper S D, Chaudhari N (2009) Interaction between the second messengers cAMP and Ca^{2+} in mouse presynaptic taste cells. J Physiol 587: 1657-1668

Rodriguez M, Nemeth E, Martin D (2005) The calcium-sensing receptor: a key factor in the pathogenesis of secondary hyperparathyroidism. Am J Physiol Renal Physiol 288: F253-F264

Romanov R A, Rogachevskaja O A, Bystrova M F, Jiang P, Margolskee R F et al (2007) Afferent neurotransmission mediated by hemichannels in mammalian taste cells. EMBO J 26: 657-667

Rossler P, Kroner C, Freitag J, Noe J, Breer H (1998) Identification of a phospholipase C beta subtype in rat taste cells. Eur J Cell Biol 77: 253-261

Rybczynska A, Lehmann A, Jurska-Jasko A, Boblewski K, Orlewska C et al (2006) Hypertensive effect of calcilytic NPS 2143 administration in rats. J Endocrinol 191: 189-195

Salari H, Bramley A, Langlands J, Howard S, Chan-Yeung M et al (1993) Effect of phospholipase C inhibitor U-73122 on antigen-induced airway smooth muscle contraction in Guinea pigs. Am J Respir Cell Mol Biol 9: 405-410

San Gabriel A, Uneyama H, Maekawa T, Torii K (2009) The calcium-sensing receptor in taste tissue. Biochem Biophys Res Commun 378: 414-418

Thompson A K, Mostafapour S P, Denlinger L C, Bleasdale J E, Fisher S K (1991) The aminosteroid U-73122 inhibits muscarinic receptor sequestration and phosphoinositide hydrolysis in SK-N-SH neuroblastoma cells. A role for Gp in receptor compartmentation. J Biol Chem 266: 23856-23862

Toelstede S, Hofmann T (2009) Kokumi-active glutamyl peptides in cheeses and their biogeneration by *Penicillium roquefortii*. J Agric Food Chem 57: 3738-3748

Tomchik S M, Berg S, Kim J W, Chaudhari N, Roper S D (2007) Breadth of tuning and taste coding in mammalian taste buds. J Neurosci 27: 10840-10848

Tordoff M G, Shao H, Alarcon L K, Margolskee R F, Mosinger B et al (2008) Involvement of T1R3 in calcium-magnesium taste. Physiol Genomics 34: 338-348

Ueda T, Yonemitsu M, Tsubuku T, Sakaguchi M, Miyajima R (1997) Flavor characteristics of glutathione in raw and cooked foodstuffs. Biosci Biotechnol Biochem 61: 1977-1980

Ueda Y, Sakaguchi M, Hirayama K, Miyajima R, Kimizuka A (1990) Characteristic flavor constituents in water extract of garlic. Agric Biol Chem 54: 163-169

Ueda Y, Tsubuku T, Miyajima R (1994) Composition of sulfur-containing components in onion and their flavor characters. Biosci Biotechnol Biochem 58: 108-110

Wang M, Yao Y, Kuang D, Hampson D R (2006) Activation of family C G-protein-coupled receptors by the tripeptide glutathione. J Biol Chem 281: 8864-8870

Yee C L, Yang R, Bottger B, Finger T E, Kinnamon J C (2001) "Type III" cells of rat taste buds: immunohistochemical and ultrastructural studies of neuron-specific enolase, protein gene product 9.5, and serotonin. J Comp Neurol 440: 97-108

Zhang Y, Hoon M A, Chandrashekar J, Mueller K L, Cook B et al (2003) Coding of sweet, bitter, and umami tastes: different receptor cells sharing similar signaling pathways. Cell 112: 293-301

第 9 章　小鼠三叉神经细胞对 Kokumi 物质的反应

Sara C. M. Leijon, Nirupa Chaudhari, Stephen D. Roper

摘要　采用活体共聚焦钙离子成像技术，观察口服 Kokumi 物质是否引起小鼠三叉神经体感神经节神经元的反应。我们的结果表明，100μmol/L γ-EVG（γ-Glu-Val-Gly）是一种强有力的 Kokumi 刺激，在三叉神经节 V3 区（口腔感觉场）的一小部分（0.6%）神经元中能引起反应。相比之下，冷却人工唾液在＞7% 的 V3 三叉神经节神经元中引起热诱发反应。γ-EVG 诱发的反应小且变化较大，潜伏期为 2～200s，联合应用钙敏感受体（CaSR）抑制剂 NPS-2143 可显著降低 γ-EVG 诱发活性。此外，我们还发现四种额外的 Kokumi 物质能在小鼠三叉神经节神经元中引起反应。所有对 Kokumi 化合物有反应的神经元都是小细胞，平均直径小于 20μm。综上所述，我们的数据表明，活体小鼠体感神经三叉神经节的感觉神经元可以记录到对 Kokumi 化合物反应的某些生理和药理学特性。因此，在体感神经三叉神经节中的感觉神经元可能会将信号从口腔传递到中枢神经系统，以产生质地知觉，这是 Kokumi 物质引起的神秘感觉的一部分。

关键词　三叉神经节、躯体感觉、质地、黏度、钙成像、嗅觉

9.1　引　　言

　　Kokumi 物质引起的感觉很难定义和量化。它通常被描述为"满口感"、"浓厚度"和"连续性（绵延感）"（Dunkel 等，2007）——仅凭滋味不能轻易解释的特征。Kokumi 化合物，虽然它们本身没有味道，但也声称可以增强甜味、咸味和鲜味（Ohsu 等，2010；Dunkel 等，2007）。这些特征不容易测定，通常依赖于人类的感官评价和语言描述。寻找一种可以用来测试和量化 Kokumi 感觉的动物模型对 Kokumi 化合物的研究和开发将是有价值的。本章概述了这些方面的进展，并描述了一种在老鼠模型中分析 Koku 味的新方法。

　　三叉神经节的输入体感神经元支配舌和口腔表面。这些神经元对许多不同的刺激模式都很敏感，包括机械的、热的、化学的和伤害性的刺激。因此，三叉神经感觉神经元可能参与传递感觉，如质地和黏度，这些感觉可以被感知为满口感、浓厚度和连续性。有趣的是，据报道，有研究小组发现大鼠三叉神经感觉神经元表达钙感受器 CaSR（Heyeraas 等，2008），该感受器可被 Kokumi 物质激活（Ohsu

等, 2010; Amino 等, 2016)。总而言之, 这些特性为研究三叉神经节体感神经元参与对 Kokumi 化合物的反应提供了理论基础。因此, 我们利用一种结合了钙离子成像、基因工程小鼠和活体扫描激光共聚焦显微镜(图 9.1)的强大的新实验方法来研究 Kokumi 刺激元通过口腔刺激小鼠三叉神经节神经元的反应。我们的目的是确定三叉神经节神经元是否对口腔中出现的 Kokumi 物质, 特别是对原型 Koku 物质 γ-谷氨酰-缬氨酰-甘氨酸(γ-EVG)的刺激有反应。利用这个动物模型, 我们在活体动物身上测试了感觉神经元对 γ-EVG 的反应, 并对这种 Kokumi 化合物的一些性质进行了表征。我们特别感兴趣的是 γ-EVG 引起的黏度感觉, 以及对该化合物可能的膜受体的鉴定。

图 9.1　小鼠三叉神经节定位示意图

三叉神经节(橙色)位于颅底, 大脑下方。三叉神经的下颌支和上颌支支配口腔。
手术通过背外侧窗(虚线矩形)仔细暴露三叉神经节。然后, 将手术准备好的小鼠
转移到共聚焦激光扫描显微镜, 用 10 倍长的工作距离物镜记录神经元钙反应

9.2　方　　法

9.2.1　动物模型

我们使用了在感觉神经元中表达钙指示物 GCaMP3 或 GCaMP6s 的转基因小鼠, 包括三叉神经节中的那些感觉神经元(Leijon 等, 2019)。GCaMP3 小鼠是从约翰霍普金斯大学的 X. Dong 教授处获得, 并将 GCaMP3 表达为 Pirt 位点里的基因插入/敲除(Kim 等, 2014)。我们还使用 GCaMP6s(Jax#024106)与 Pirt-Cre 小鼠(约翰霍普金斯大学的 X. Dong 提供)杂交产生感觉神经元表达 GCaMP6s 的小鼠。所有小鼠回交到 C57B1/6, 传 8～10 代, 成年小鼠, 雌雄不限。动物被安置在一个 12 小时的光照周期的密室中, 食物和水都是随意的, 所有的实验都是在光照周期中进行的。所有手术和安乐死的程序都经过了迈阿密大学美国动物实验管理小组(IACUC)的审查和批准。

9.2.2 手术准备

用氯胺酮和赛拉嗪(腹腔注射氯胺酮 120mg/kg，赛拉嗪 10mg/kg)麻醉，通过后爪缩足反射监测麻醉深度。在整个手术和成像过程中，给予氯胺酮强化注射以确保手术麻醉程度的持续。用直肠探头连续监测动物的核心温度，并将其保持在 35～36℃。

在手术的最初阶段，麻醉的小鼠仰卧在远红外手术保温垫上(DCT-15, Kent Scientific)。在口服刺激元时，暴露气管并插入管子以促进呼吸。通过食道插入软管以产生均匀的刺激输送到口腔(Sollar & Hill, 2005; Wu & Dvoryanchikov, 2015; Leijon, 2019)。接下来，将小鼠置于俯卧位置，手术暴露三叉神经节支配口腔的区域 V3(图 9.2)。烧灼颅骨背外侧的肌肉组织，切除颧弓。开一个小的颅窗，仔细地抽吸半脑，以便光进入三叉神经节的背部。通过用尼龙螺丝和牙科丙烯酸将定制的头架固定在头骨上，使头部稳定下来。为了保持良好的神经环境，从开始暴露起，神经节就在 35℃下用 Tyrode 溶液间歇性冲洗。

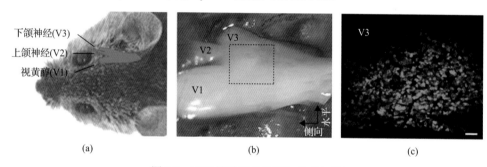

下颌神经(V3)
上颌神经(V2)
视黄醇(V1)

(a)　(b)　(c)

图 9.2　三叉神经节的位置和手术切面

(a)背侧切面，显示三叉神经节的大致位置(蓝色)。(b)显示手术暴露的三叉神经节的 V3 区域和进行功能成像的区域照片(矩形)。(c)在激光共聚焦扫描显微镜下，三叉神经节神经元内的钙指示剂 GCaMP 发出绿色荧光。刺激诱发的反应在受刺激的神经元中产生强劲的荧光增强。一个典型的记录场包含大约 1000 个神经节神经元，可以成像超过 5 小时。比例尺为 100µm

9.2.3 共聚焦钙成像活体中功能区的确定

手术准备的小鼠被转移到奥林巴斯 FV1000 共聚焦显微镜的载物台上，该显微镜配备了 10 倍长的工作距离物镜(UPlanF1, N.A.0.3)。共聚焦扫描 GCaMP3-/GCAMP6s 标记的神经节神经元，频率约为 1Hz，激光激发波长为 488nm，发射极滤光片为 505～605nm。口服液刺激剂量为 1mL，持续 10s，通过食道逆行送入颊腔。当施加温度刺激时，用插入口腔并连接到无线发射器(UWBT-TC-UST-NA, OMEGA Engineering, Inc.)的微型口腔温度探头(RET-4, Physitemp Instruments, LLC)测量所产生的口腔温度。

9.2.4　试剂

除 Kokumi 物质外,所有试剂均购自 Sigma,而 Kokumi 物质购自味之素公司。这些物质包括谷胱甘肽(GSH;CAS70-18-8)、γ-谷氨酰-α-氨基丁酸(γ-Glu-Abu;CAS 16869-42-4)、γ-谷氨酰-缬氨酰-甘氨酸(γ-EVG,γ-Glu-Val-Gly;CAS 38837-70-6)、聚 L-赖氨酸(CAS 28211-04-3)、盐酸西那卡塞(CAS 364782-34-3,拟钙制剂),以及钙敏感受体抑制剂 NPS-2143。将 Kokumi 物质的原液溶解在 H_2O 中,储存在-20℃下。实验当天,将 Kokumi 刺激物在含有 15mmol/L NaCl、22mmol/L KCl、3mmol/L $CaCl_2$、0.6mmol/L $MgCl_2$、pH=5.8 的人工唾液中稀释成工作液。

9.2.5　数据分析

神经元荧光的光学扫描使用 FluoView 软件(奥林巴斯)数字化,视频图像使用 FIJI(ImageJ)稳定。基线减去的视频被用来识别具有潜在神经元反应的区域,并在单个神经节神经元上手动绘制感兴趣区(ROI)。用 MATLAB(MathWorks)对感兴趣区(ROI)进行分析,使用吴等人修改的自定义代码(Wu 等,2015),以纠正任何小的基线漂移。钙瞬变被量化为峰值刺激诱发荧光变化(ΔF)除以基线荧光(F_0),即 $\Delta F/F_0$。识别反应的标准是高于基线的 $\Delta F/F_0>5$ 倍标准差(图 9.3)。对于热刺激,标准还包括反应在刺激开始后以一致的潜伏期发生。对每个实验动物的三叉神经节 V3 区域内的单个视野进行了分析。在实验结束时,动物被二氧化碳安乐死,然后是颈椎脱位。

除非另有说明,统计显著性采用两组间的双尾 Student t 检验,否则采用非配对或配对的单因素方差分析,使用 Prism v.6(GraphPad)。统计学意义定义为 $P<0.05$。

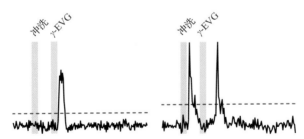

图 9.3　两个独立神经元对 100μmol/L γ-EVG 口服刺激的反应($\Delta F/F_0$)示例

这里,就像在后面的图中一样,刺激物被灌输到口腔中 10 秒(阴影区)。红色虚线标记必须将 $\Delta F/F_0$ 升至其以上才能指定为响应的标准级别(即 $\Delta F/F_0>$基线上标准偏差的 5 倍;请参阅方法)。刺激 γ-EVG(橙色阴影区)后,两个神经元均可见 Ca^{2+}瞬变。然而,只有左边的神经元被证实是 γ-EVG 反应的。右侧的神经元对控制刺激(人工唾液,蓝色阴影区域)的反应与 γ-EVG 一样,可能反映了对温度或流量的反应(这总是表现为具有短暂潜伏期的单一的瞬时反应,见图 9.7 和 Leijon 等,2019)。标尺为 30s,0.5$\Delta F/F_0$

9.3 结　果

9.3.1　Kokumi 肽 γ-Glu-Val-Gly

1. 三叉神经初级输入神经元对 Kokumi 肽 γ-Glu-Val-Gly 的反应

为了研究口服 γ-谷氨酰-缬氨酰-甘氨酸(γ-Glu-Val-Gly，γ-EVG)是否能在体内引起三叉神经反应，小鼠的口腔中灌流了 100μmol/L γ-EVG，因为许多三叉神经节神经元对其他感官刺激也很敏感，比如温度(Yarmolinsky 等，2016; Leijon 等，2019)，在 γ-EVG 应用之前，先进行由人工唾液组成的对照刺激，温度和灌注率与 γ-EVG 应用相同(图 9.3)。我们的结果表明，口服 γ-EVG(100%μmol/L)在一小部分三叉神经节神经元中引起了反应(图 9.4)。

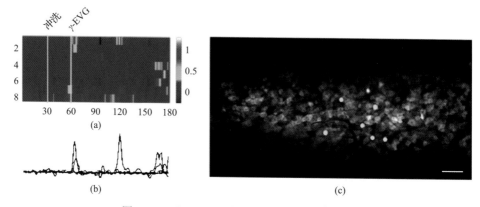

图 9.4　口服 γ-EVG 诱发三叉神经节神经元反应

(a)显示 8 个三叉神经节神经元在 180s 记录中的荧光变化($\Delta F/F_0$；颜色条)的热图。黄线表示刺激开始(刺激持续时间=10s)。排名前 6 位的神经元对 100μmol/L γ-EVG 有反应。请注意，这些神经元在基线期间(前 30s)是静默的，不受对照(人工唾液)刺激的影响。最下面的 2 个细胞表现出非特异性的活性，不被认为是 γ-EVG 反应细胞。(b)记录的 6 个 γ-EVG 反应神经元的叠加痕迹，如(a)Calibs，30s，$0.5\Delta F/F_0$ 所示。(c)6 个 γ-EVG 反应神经元在三叉神经节的定位。请注意，对神经元进行成像可以同时记录大量的三叉神经节神经元(通常在 1000 个左右)。比例尺为 100μm

2. γ-Glu-Val-Gly 激发的神经反应特征

三叉神经细胞的 γ-EVG 反应具有不同的潜伏期。虽然我们偶尔在刺激开始后的几秒内观察到明确的、瞬时的 γ-EVG 诱发反应[图 9.5(a)]，但更多的情况下 γ-EVG 反应的潜伏期要长得多，并以长时间的活动爆发为特征[图 9.4 和 9.5(b)、(c)]。在 5 只小鼠(26 个细胞)的样本中，γ-EVG 反应的平均潜伏期为 78s±12s[图 9.6(a)]。平均振幅为(1.4 ± 0.2)$\Delta F/F_0$[图 9.6(b)]。

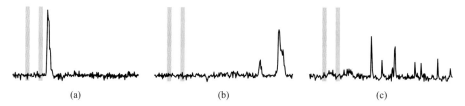

图 9.5　口服 γ-EVG 诱发三叉神经节神经元的短潜伏期和长潜伏期反应

痕迹显示 3 个不同神经元对口服 100μmol/L γ-EVG 10s(橙色阴影区域)的诱发反应。
反应由单个瞬变(a)或多个瞬变(b)、(c)组成。请注意，最初用人工唾液冲洗 10s
(蓝色阴影区域)在这些神经元中都没有引起反应。标尺为 60s，1$\Delta F/F_0$

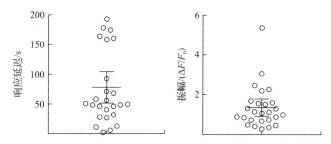

图 9.6　γ-EVG 诱发的神经反应特性

对 5 只小鼠(26 个细胞)的反应潜伏期和振幅(最大 $\Delta F/F_0$)
进行了测量。误差条显示平均值±95%可信区间

3. 比较 γ-Glu-Val-Gly 对温度响应的神经反应

口服 γ-EVG 刺激的三叉神经节神经元出现率很低(0.6%±0.0%，3 只小鼠)。相比之下，对冷却人工唾液(～15℃)刺激有反应的三叉神经节神经元的出现率高出 10 倍多，为 7.4%±0.6%，有显著差异[3 只小鼠；$P<0.0001$；图 9.7(b)]。在同一样本中，36%(8/22)的 γ-EVG 反应神经元对口腔内的降温也很敏感。

三叉神经节由不同种类的感觉神经元(如机械敏感、温度敏感、伤害敏感、瘙痒)组成，细胞大小不一。对 γ-EVG 反应神经元的平均细胞直径[图 9.7(c)]为 16.7μm±0.61μm，明显小于所有三叉神经细胞的平均直径(23.9μm±0.63μm，$P<0.0001$)。冷敏感神经元的直径也较小(19.1μm±0.51μm)。

4. CaSR 抑制剂 NP-2143 对 γ-Glu-Val-Gly 诱发 Kokumi 反应的影响

CaSR 被认为参与了观察到的 Kokumi 物质引起的反应(a)在瞬时表达人 CaSR 的 HEK-293 细胞中(Ohsu 等，2010)，(b)在舌切片中表达 CaSR 的味觉细胞(Maruyama 等，2012)，以及(c)人类感官分析(Kuroda & Miyamura，2015)。因此，我们研究了 CaSR 抑制剂 NPS-2143 是否对在体记录的三叉神经节神经元的 γ-EVG 诱发神经反应有影响。我们记录了单独使用 γ-EVG 或与 30μmol/L NPS-2143 联合使

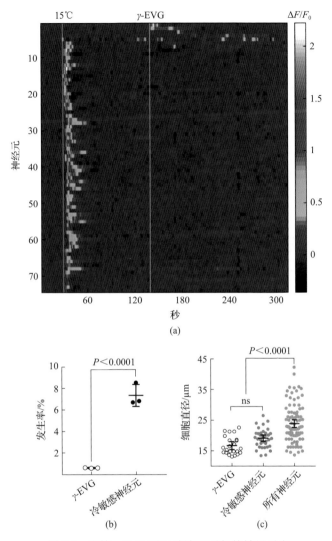

图 9.7　比较 γ-EVG 对口腔降温引起的神经反应

(a) 显示 76 个三叉神经节神经元在冷（～15℃）人工唾液和口服 100μmol/L γ-EVG10s 刺激（起于白线）过程中荧光变化（ΔF/F₀；色条）的热图。(b) γ-EVG 反应神经元和冷敏感神经元的发生率（3 只小鼠，分别为 22 和 272 个神经元；Student t 检验）。(c) 测量 γ-EVG 反应（7 只小鼠，23 个神经元）和冷敏感神经元（3 只小鼠，36 个神经元）的细胞大小，以及随机抽样所有三叉神经细胞（3 只小鼠，94 个神经元）。误差条显示平均值±95%可信区间

用对口服刺激的反应（图 9.8）。因为 γ-EVG 经常诱发多个钙瞬变（图 9.5），我们计算了曲线下面积（AUC）来量化 γ-EVG 的神经反应。结果表明，NPS 显著降低 γ-EVG 诱发的神经反应（$P<0.0001$）（图 9.8）。NPS 对人工唾液刺激无明显影响 [$P>0.05$，图 9.8(a)]。为了排除 NPS 治疗后 γ-EVG 反应下降仅仅是由于长时间记录期间的"耗尽"的可能性，我们进行了第二系列实验，在没有 CaSR 抑制剂的情况下，仅应用

γ-EVG 两次［图 9.8（b）］。重要的是，γ-EVG 反应的 AUC 值没有下降（$P=0.29$）。此外，在这些系列实验的第一和第二个实验中，仅从 γ-EVG 反应中测量的 AUC 值之间没有差异（$P=0.5589$）。这些数据表明，口腔内应用抑制剂 NPS-2143 可以抑制 γ-EVG 诱发三叉神经节神经元的 CaSR 反应。

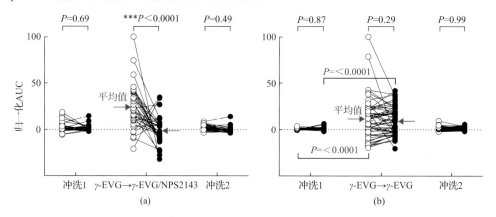

图 9.8　CaSR 抑制剂 NPS-2143 降低三叉神经节神经元的 γ-EVG 反应

(a) 连续口服刺激：人工唾液（冲洗 1）→100μmol/L γ-EVG→人工唾液（冲洗 2），记录三叉神经反应（$\Delta F/F_0$ 曲线下面积，AUC）。在该对照序列完成后（空心圆），用 30μmol/L NPS-2143 冲洗口腔，并重复相同的刺激序列（实心圆）。在 NPS-2143（实心圆；配对 t 检验）存在的情况下，对 γ-EVG 的反应明显降低。NPS-2143（2 只小鼠，31 个神经元）对人工唾液的反应虽然很小，但不受影响。(b) 在第二系列实验中，重复相同的方案，但不使用 NPS-2143，以测试在长时间记录和重复刺激期间 γ-EVG 反应的衰退。没有发生 γ-EVG 反应的衰退（3 只小鼠，51 个神经元）

9.3.2　黏度对 γ-Glu-Val-Gly 诱发神经反应的影响

1. γ-Glu-Val-Gly 和黄原胶

在人类感官分析中，Kokumi 物质在进食过程中刺激增厚和满口感增强的感觉（Ohsu 等，2010）。我们研究了黏性溶液是否会引起神经元反应，以及黏度是否会影响 γ-EVG 引起的神经元反应。黄原胶是一种常见的商品食品增稠剂。单独的黄原胶（0.5%）似乎能引起三叉神经节神经元的反应，但其影响是分散的，难以量化（图 9.9）。为了分析数据，我们去除了没有达到基线以上标准差五倍的数据（$\Delta F/F_0$），并计算了剩余信号下的面积（AUC）。我们还计算了 $\Delta F/F_0$ 中的峰数［图 9.9（c）］。结果表明，单独口服黄原胶可引起三叉神经节神经元活动增加。联合使用 γ-EVG 和黄原胶刺激，联合反应的 AUC 值略大于 γ-EVG 单独刺激时的 AUC 值，但差异无统计学意义（$P=0.51$）。峰数（$\Delta F/F_0$）也有相同的结果（$P=0.56$）。因此，口服食物增稠剂黄原胶可以引起三叉神经节的反应，但黄原胶和 Kokumi 物质 γ-EVG 之间的相互作用尚不能证实。

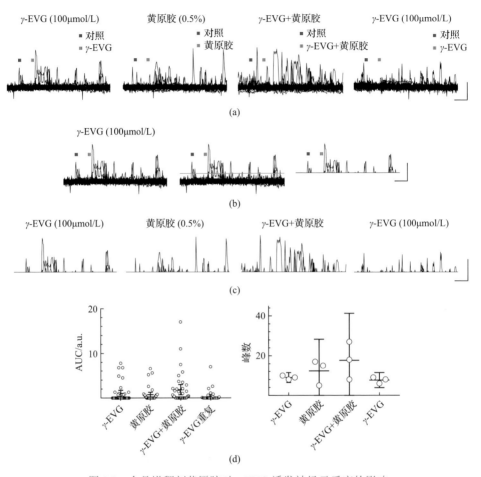

图 9.9 食品增稠剂黄原胶对 γ-EVG 诱发神经元反应的影响

(a) 单独和联合使用 γ-EVG 和黄原胶的口腔应用中的原始记录。(b) 如这里举例说明的对 γ-EVG (左迹线) 的响应，对于每个记录，我们计算信号标准 (等于基线以上 5 倍标准差，中间迹线为红线)，并消除任何小于此值的点 (右迹线)。(c) 对达到截取标准的反应进行曲线下面积 (AUC) 和 $\Delta F/F_0$ 峰值个数的分析。(d) 左图中，每个数据点对应于 x 轴上记录反应的 AUC (38 个神经元，3 只小鼠)。右图中，每个数据点对应于每只老鼠 (3 只小鼠) 的 $\Delta F/F_0$ 轨迹中峰值的总数。误差线显示平均值+95%置信区间。校准为 30s，1$\Delta F/F_0$

2. γ-Glu-Val-Gly 和葡甘聚糖

接下来，我们测试了另一种增稠剂——葡甘聚糖是否对 γ-EVG 诱发的反应有影响。与黄原胶相似，单独使用葡甘聚糖 (0.3%) 口服刺激可引起三叉神经节神经元的反应 [图 9.10 (a)]。γ-EVG 与葡甘聚糖之间无交互作用。用 γ-EVG 和葡甘聚糖联合刺激口腔不能引起与单独用 γ-EVG 刺激不同的反应 (反应的 AUC 无显著差异，P=0.37，或峰数无显著差异，P=0.65) [图 9.10 (b)]。

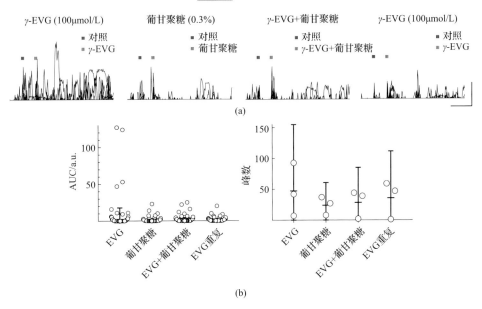

图 9.10　葡甘聚糖对 γ-EVG 诱发反应的影响

(a) 对于图 9.9 中的黄原胶，分析了超过截止标准响应的 AUC 以及示踪中的峰数。(b) 左图中，每个数据点对应于 AUC(45 个神经元，3 只小鼠)。右图中，每个数据点对应于每只老鼠(3 只老鼠)响应中峰值的总数。对葡甘聚糖和 γ-EVG 单独和联合的反应在 AUC 值和峰值反应数上都没有不同。误差条为平均值±95%的置信区间。校准为 50s, $0.5\Delta F/F_0$

3. γ-EVG 诱发神经元响应数与增稠剂诱发神经元响应数比较

在增稠剂实验中，一些神经元对 γ-EVG 和增稠剂(黄原胶/葡甘聚糖)都有反应。γ-EVG 反应神经元的平均直径为 $18.2\mu m\pm 0.7\mu m$(图 9.11)，与我们以前的测量结

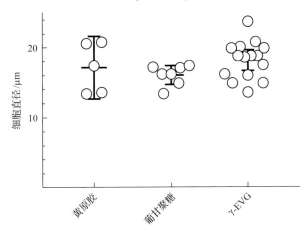

图 9.11　对黏性刺激或 γ-EVG 刺激有反应的神经元的细胞直径(μm 值)

口服黄原胶(3 只小鼠，5 个细胞)、葡甘聚糖(3 只小鼠，7 个神经元)和 γ-EVG(3 只小鼠，17 个神经元)的三叉神经节神经元直径无差异。误差线是平均值±95%置信区间

果没有显著差异(图 9.7,*P*=0.13)。对黄原胶和葡甘聚糖有反应的神经元平均大小相似,分别为 17.2μm±1.6μm 和 16.1μm±0.5μm。

9.3.3　其他 Kokumi 物质

虽然 *γ*-EVG 一直被描述为一种强效的 Kokumi 物质(Kuroda & Miyamura,2015),但还有其他具有 Kokumi 样活性的肽(Amino 等,2016; Kuroda & Miyamura,2015)。我们研究了除 *γ*-EVG 外的 Kokumi 物质是否能引起小鼠三叉神经节神经元的钙离子反应。具体地说,我们测试了谷胱甘肽(GSH/*γ*-Glu-Cys-Gly;4 只小鼠)、*γ*-Glu-Abu(2 只小鼠)、聚 L-赖氨酸(2 只小鼠)、CaCl$_2$(2 只小鼠)和钙仿生药物西那卡塞(3 只小鼠)。

谷胱甘肽(GSH)　谷胱甘肽(GSH)对味道的影响早在 20 世纪 90 年代初就已为人所知,当时它首次从大蒜水中提取,并被证明可以增强鲜味的强度(Ueda 等,1990)。这种"强化"效应被称为 Koku。自那以后,谷胱甘肽已被证明也会影响其他口味品质(例如,Ohsu 等,2010)。我们发现口服 1mmol/L GSH 可引起小鼠三叉神经节神经元的反应。这些反应[图 9.12(a)]的潜伏期和持续时间与 *γ*-EVG(图 9.6)相似。在 4 只小鼠中,GSH 在 26 个三叉神经节神经元中引起反应。

西那卡塞　西那卡塞作为一种仿钙剂,引起 CaSR 的变构激活。在人类感官分析中,口服 38μmol/L 西那卡塞显示出显著的 Kokumi 样味道增强(Ohsu 等,2010)。我们发现 100μmol/L 西那卡塞在三叉神经节引起反应[图 9.12(b)]。在 3

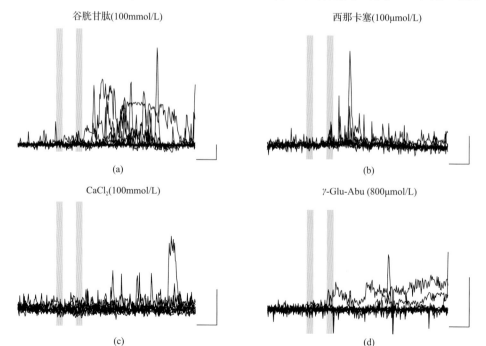

谷胱甘肽(100mmol/L)　　　　　西那卡塞(100μmol/L)

(a)　　　　　　　　　　　　(b)

CaCl$_2$(100mmol/L)　　　　　*γ*-Glu-Abu (800μmol/L)

(c)　　　　　　　　　　　　(d)

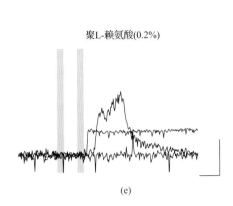

聚L-赖氨酸(0.2%)

(e)

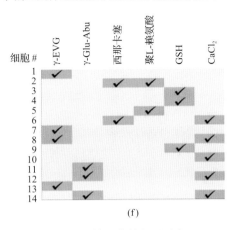

(f)

图 9.12 口服 5 种选定的 Kokumi 物质引起的活体三叉神经节神经元反应

在(a)～(e)中，每个图形都包含来自一只老鼠的数据，对于这些数据，对相应物质的所有反应神经元都被覆盖。阴影区域对应于人工唾液(蓝色)和相应的 Kokumi 物质(橙色)的刺激背景。注意对照刺激(人工唾液)没有引起反应。(f)进行了一次实验，所有 6 种 Kokumi 物质都是按顺序使用的。总共有 14 个神经元(满分>1000 分)对至少一种 Kokumi 物质有反应，这 14 个神经元中有 5 个对不止一种 Kokumi 物质有反应。标尺为 30s，1∆F/F_0

只小鼠中，西那卡塞在 12 个三叉神经节神经元中诱发了反应。

CaCl₂ Kokumi 物质需要一定基础水平的钙才能激活 CaSR(Wang 等，2006；Ohsu 等，2010)，钙盐具有 Kokumi 样活性(Ohsu 等，2010)。我们用 100mmol/L CaCl₂灌流口腔，观察到与 γ-EVG 在延迟三叉神经神经元反应上相似的特征[图 9.12(c)]。在 2 只小鼠中，CaCl₂在 11 个神经元中引起了反应。

γ-Glu-Abu Kokumi 物质 γ-谷氨酰-α-氨基丁酸(γ-Glu-Abu)是谷胱甘肽合成酶的天然底物，系统名称为丁酸。它是最有效的二肽 Kokumi 物质之一(Amino 等，2016)。在 2 只小鼠中，γ-Glu-Abu(800μmol/L)可在 11 个神经元中引起反应[图 9.12(d)]。

聚 L-赖氨酸 聚赖氨酸是一种能激活 CaSR 的碱性肽(Brown & MacLeod，2001)。在人类感官分析中，0.08%的聚赖氨酸已被证明足以提高口感(Ohsu 等，2010)。我们发现，在小鼠中，口服聚赖氨酸(0.2%)只在少数三叉神经细胞中引起反应。聚赖氨酸反应相当长[图 9.12(e)]。在 2 只小鼠中，共有 6 个神经元对该浓度的聚赖氨酸有反应。

9.3.4 Kokumi 物质之间的重叠

为了确定上述 Kokumi 物质是否在相同、重叠或分离的三叉神经节神经元组中引起反应，我们在一次实验中单独和顺序地应用了每种化合物。结果表明，14 个神经元中有 9 个只对一种化合物有反应，5 个神经元对 2 种化合物有反应[图 9.12(f)]。重叠处没有明显的模式。"Kokumi 感觉"三叉神经节神经元没有明显的一致群体。

9.4 讨　论

在这项研究中，我们研究了小鼠三叉神经节神经元对 Kokumi 化合物口服刺激的反应。我们使用在感觉神经元中表达 GCaMP 的转基因小鼠进行体内成像和分析一些 Kokumi 化合物，并测试阻断 CaSR 的效果，CaSR 是 Kokumi 化合物的假定受体。

三叉神经感觉神经元对 γ-EVG(γ-Glu-Val-Gly)的反应有不同的潜伏期(2～>200s)，且常以活性延长为特征。这可能反映了该化合物逐渐渗透到三叉神经传入神经末梢所在的舌上皮中。这些三叉神经末梢在舌上皮中分布的位置可能相当浅(Leijon 等, 2016)。在感官评价期间，专家小组成员报告说，添加到食物中的 γ-EVG 增强了味道强度，在 10s 时达到顶峰，但仍然存在到 40s(Ohsu 等, 2010)。这些数据将与目前的研究相一致，该研究表明，用 γ-EVG 引起三叉神经节神经元的长时间反应。

CaSR 之前已经被认为是 Kokumi 味道的一种作用机制，既在体外(Amino 等, 2016)又在人类感官分析(Ohsu 等, 2010)中。因此，我们测试了 CaSR 抑制剂 NPS-2143 是否影响 γ-EVG 反应。的确，联合应用 NPS-2143 显著降低了 γ-EVG 诱发的活性。NPS-2143 是否选择性和特异性地仅抑制 γ-EVG 反应，而不抑制其他刺激诱发的活性(如机械、热或伤害性)，仍有待测试。此外，我们没有测试 NPS-2143 对谷胱甘肽等其他 Kokumi 化合物的反应。此外，CaSR 在三叉神经节的表达程度尚不清楚。RNAseq 分析显示 CaSR 只在极少数(<1%)的小鼠三叉神经节神经元中表达，而且表达水平可以忽略不计(Nguyen 等, 2017)。然而，如果 CaSR 仅在支配口腔黏膜的神经元中表达，这可能解释了三叉神经节神经元表达该受体的比例较低，以及对 γ-EVG 有反应的神经元的稀少性(0.6%)。然而，这不能解释 Nguyen 等(2017)报道每个细胞 CaSR 表达水平低的原因。总而言之，我们的发现可能是提示性的，但不能提供确凿的证据证明 CaSR 参与三叉神经细胞对 Kokumi 物质的反应。

基于 Koku 的"满口感"或"浓厚味"的特性，我们研究了 Kokumi 化合物与食品增稠剂之间是否存在感官相互作用。数据没有显示口服 γ-EVG 和黄原胶(或葡甘聚糖)之间存在显著的相互作用。因为一组三叉神经感觉神经节神经元对 γ-EVG 的口服刺激或单独使用黄原胶(或葡甘聚糖)均有反应，所以感官评价小组报告的 Koku 增强浓厚度的感觉(Ohsu 等, 2010)可能是由刺激对黏度敏感的三叉神经感官中传入神经纤维的 Kokumi 化合物产生的。

经鉴定为 Kokumi 物质的化合物清单正在增加(例如，Amino 等, 2016)。我们测试了其中的5种，包括 γ-EVG、谷胱甘肽、西那卡塞、γ-Glu-Abu 和 $CaCl_2$。所有这些化合物口服后都能引起三叉神经节部分神经元的反应。反应特性大多较小(低振幅)，潜伏期可变，持续时间较长。然而，当顺序测试时(诚然，在有限的神经元样本中)，上述五种化合物并不刺激单个的、连贯的三叉神经节神经元群体。这表明，如果 Koku 感觉确实是通过三叉神经节的体感传入纤维传递的，那么在该神经节中没有一组统一的"Koku 反应"神经元。此外，致力于用 Kokumi 物质进行口腔刺激的三叉神经节神经元数量相对较少(例如，与热敏感神经元相比，Leijon 等，2019)表明，在三叉神经节细胞水平上研究 Koku 诱发的体感仍将是一个挑战。特别是，将 Koku 反应神经元与分子标记联系起来，并最终确定三叉神经细胞中的分子受体将是具有挑战性的。

值得注意的是，Kokumi 物质也被证明可以激活表达 CaSR 的味蕾细胞(Maruyama 等，2012)。这些细胞由膝状神经节的传入纤维支配。的确，舌头和腭部的味蕾与来自膝状神经节和三叉神经节的纤维有关(图 9.13)。来自膝状神经节的神经元支配味蕾细胞，味蕾细胞受到通过顶端味孔进入的味觉物质的刺激。因此，膝状神经节神经元通常被认为传递基本的味觉品质，如甜味、鲜味等。相比之下，三叉神经节的轴突直接穿透味蕾周围的口腔上皮，在大多数味蕾周围形成神经光环。重要的是，三叉神经纤维经常位于上皮非常浅的层，在那里它们可以通过口服刺激如 γ-EVG 到达。综上所述，三叉神经节和膝状神经节神经元的定位

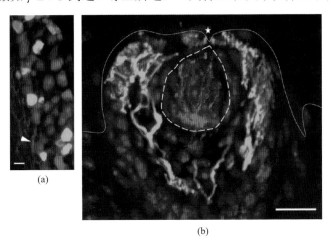

(a)

(b)

图 9.13　来自三叉神经节神经元的传入感觉纤维终止于紧挨着味蕾周围的上皮

(a)*Trpm8*-GFP 小鼠三叉神经节区域的高倍放大(Dhaka 等，2007)，免疫组化 NeuN(红色)标记神经元，GFP(绿色)标记那些表达 TrpM8 的神经元。部分神经元表达 GFP/TrpM8。GFP 也存在于这些神经元的轴突中(箭头)。来自同一小鼠的膝状神经节，平行处理，不含 GFP/TrpM8(未示出)。(b)同一 *Trpm8*-GFP 小鼠舌部有味蕾的菌状乳头(实线轮廓)的共聚焦显微照片。表达 GFP/TrpM8 的轴突包围味蕾，但不进入味蕾。相反，膝状(味觉)神经节的传入纤维对 P2X2(品红)呈免疫反应，并广泛分布于味蕾各处。味孔是味觉刺激与味蕾细胞相互作用的通道(*)。比例尺为 20μm

是对 Kokumi 物质的口服刺激做出反应——直接刺激的三叉神经神经元和刺激味蕾细胞的膝状神经元。Kokumi 化合物的感官特征是多种多样的，因此三叉神经节和膝状神经节在 Koku 的多方面味道中可能扮演着不同的或互补的角色。

致谢 确认这项工作得到了味之素公司和美国国立卫生研究院的资助：NIDCD R01DC014420(SR，NC) 和 NIDCR/NCI R21DE027237(SR)。作者感谢华盛顿大学的 Ajay Dhaka 博士慷慨捐赠用于制作图 9.13 的组织。

参 考 文 献

Amino Y, Nakazawa M, Kaneko M, Miyaki T, Miyamura N, Maruyama Y, Eto Y (2016) Structure–CaSR–activity relation of Kokumi γ-glutamyl peptides. Chem Farm Bull 64 (8): 1181-1189

Brown E M, MacLeod R J (2001) Extracellular calcium sensing and extracellular calcium signaling. Physiol Rev 81: 239-297

Dhaka A, Murray A N, Mathur J, Earley T J, Petrus M J, Patapoutian A (2007) TRPM8 is required for cold sensation in mice. Neuron 54: 371-378

Dunkel A, Koster J, Hofmann T (2007) Molecular and sensory characterization of gamma-glutamyl peptides as key contributors to the Kokumi taste of edible beans (*Phaseolus vulgaris* L.). J Agric Food Chem 55: 6712-6719

Heyeraas K J, Haug S R, Bukoski R D et al (2008) Identification of a Ca^{2+}-sensing receptor in rat trigeminal ganglia, sensory axons, and tooth dental pulp. Calcif Tissue Int 82: 57

Kim Y S, Chu Y, Han L, Li M, Li Z, LaVinka P C, Sun S et al (2014) Central terminal sensitization of TRPV1 by descending serotonergic facilitation modulates chronic pain. Neuron 81 (4): 873-887

Kuroda M, Miyamura N (2015) Mechanism of the perception of "Kokumi" substances and the sensory characteristics of the "Kokumi" peptide, γ-Glu-Val-Gly. Flavor 4: 11

Leijon S, Breza J M, Berger M, Maruyama Y, Chaudhari N, Roper S D (2016) In vivo imaging of trigeminal ganglion neuron responses to γ-EVG, capsaicin, allyl isothiocyanate (AITC), and menthol in mice. Abstract presented at ISOT 2016, Yokohama, Japan

Leijon S C M, Neves A F, Breza J M, Simon S A, Chaudhari N, Roper S D (2019) Oral thermosensing by murine trigeminal neurons: modulation by capsaicin, menthol, and mustard oil. J Physiol. In press 597: 2045

Maruyama Y, Yasuda R, Kuroda M, Eto Y (2012) Kokumi. Substances, enhancers of basic tastes, induce responses in calcium-sensing receptor expressing taste cells. PLoS One 7 (4): e34489. https://doi.org/10.1371/journal.pone. 0034489

Nguyen M Q, Wu Y, Bonilla L S, von Buchholtz L J, Ryba N J P (2017) Diversity amongst trigeminal neurons revealed by high throughput single cell sequencing. PLoS One 12 (9): e0185543

Ohsu T, Amino Y, Nagasaki H, Yamanaka T, Takeshita S, Hatanaka M Y, Miyamura N, Eto Y (2010) Involvement of the calcium-sensing receptor in human taste perception. J Biol Chem 285 (2): 1016-1022

Sollars S I, Hill D L (2005) In vivo recordings from rat geniculate ganglia: taste response properties of individual greater superficial petrosal and chorda tympani neurones. J Physiol 564 (3): 877-893

Ueda Y, Sakaguchi M, Hirayama K, Miyajima R, Kimizuka A (1990) Characteristic flavor constituents in water extract of garlic. Agric Biol Chem 54: 163-169

Wang M, Yao Y, Kuang D, Hampson D (2006) Activation of family C G-protein-coupled receptors by the tripeptide glutathione. J Biol Chem 281: 8864-8870

Wu A, Dvoryanchikov G, Pereira E, Chaudhari N, Roper S D (2015) Breadth of tuning in taste afferent neurons varies with stimulus strength. Nat Commun 6: 8171

Yarmolinsky D A, Peng Y, Pogorzala L A, Rutlin M, Hoon M A, Zuker C S (2016) Coding and plasticity in the mammalian thermosensory system. Neuron 92 (5): 1079-1092

第 10 章　Koku 研究概况与展望

Toshihide Nishimura, Motonaka Kuroda

摘要　在本章中，对 Koku 的研究进行了概述。Koku 的定义是一种复杂的、满口的、绵延的感觉，主要由味觉化合物、香气化合物和质地等多种刺激因素决定。在这本书中，有关化合物形成和/或增强 Koku 味的影响和作用机制已进行了充分阐述。这些化合物应该被称为 Koku 赋予物质。虽然已经鉴定出 MSG、γ-谷氨酰肽和芳香族化合物等几种 Koku 赋予物质的受体，但这些化合物对 Koku 赋予的作用机制尚不清楚。这需要在食品科学(感官科学、食品化学和食品加工)、生理学、神经生物学、分子生物学和脑科学等领域进行进一步的科学研究。

关键词　Koku、味觉、嗅觉、气味、质地、触觉、机理

10.1　Koku 的定义

第 1 章的图 1.1 表明，食品中有许多客观因素对食品的适口性有贡献。我们认为，Koku 也是影响食物适口性的一个客观因素。我们还提出，Koku 是一种复杂的、满口的、绵延的感觉，它主要是由食物的味道、香气和质地的刺激所产生的。因此，刺激嗅觉、触觉和味觉的成分可以增强食物的 Koku。在真实食物中，在加热、发酵和调理等过程产生的味道、香气和质地成分可以形成 Koku 的感觉。对 Koku 味的研究才刚刚开始，一些化合物已经被证明参与形成或增强Koku 感觉。在本书一些章节中，描述了关于形成和/或增强 Koku 味的影响规律和作用机制等内容。第 2 章和第 4 章中列举了鲜味物质可以增强食物风味的满口感和持久性等Koku 味。特别是第 2 章，Nishimura 等(2016a，b)已经证明，将含这些物质的食物放入口腔后会增强鼻后香气的强度。在第 4 章中，食用油还可以通过其在猪肉香肠中保持香气化合物的能力而增强感官的复杂性和连续性(Nishimura 等，2016b)。在第 5 章中，已经证明芳香性成分如苯酞、(4Z，7Z)-十三烷-4,7-二烯醛和香附烯酮，在食物中添加低于其阈值浓度的量可提高食物的满口感。在第 6 章中，啤酒中的芳香性化合物具有 Koku 味中的复杂性，这些化合物是在啤酒生产过程中通过发酵产生的。在本书第 7、8 和 9 章中，阐述了 Kokumi 物质，如谷胱甘肽和 γ-Glu-Val-Gly，在低于阈值水平的浓度下添加，可以增强食物的满口感和绵延感。

10.2　与味觉相关的 Koku 增强物质

对于滋味相关的 Koku 增强因子, MSG(glutamate)对 Koku 相关感官特性的影响在本书第 2 和第 4 章中进行了描述。在第 2 章中 Yamamoto 指出, 谷氨酸盐(MSG)具有双重功能; MSG 有一种独特的基本味道, 不被认为是美味的; 但是, 当添加到食物中时, 它使食物变得美味。Yamamoto 引用了 Yamaguchi 和 Komizuka (1979)的研究, 他们的研究表明味精的味道是中性的或者本身就不可口, 但是当味精添加到牛肉清汤中时, 其风味特征如浓厚度、连续性、满口感、冲击力和温和度都有所增加。其中许多特征被认为与 Koku 味有关(见第 1 章)。第 4 章介绍了在香肠中添加味精可以增强香肠的复杂性和持久性等风味特征。这些特征也被认为与 Koku 味有关。基于这些结果, 味精等鲜味物质被认为是 Koku 增强物质。强效的 Kokumi 物质, γ-Glu-Val-Gly 和谷胱甘肽, 也被认为是与味觉有关的 Koku 增强物质。在第 7 章中, 当 Kokumi 物质以低于阈值的浓度添加到基本味觉溶液或某些食品(如鸡汤、减脂花生酱、减脂卡仕达酱和减脂法式色拉酱)中时, 会改变基本味觉及味觉的持久性、满口感和浓厚度。由于 γ-Glu-Val-Gly 增强的各种感官特性与 Koku 味有关, 因此 Kokumi 物质也被认为是与味觉有关的 Koku 增强物质。

10.3　气味相关的 Koku 增强物质

在第 5 和第 6 章中, 介绍了与气味相关的 Koku 增强物质的研究。在第 6 章中, 我们发现芹菜中的苯酞类物质, 当添加到鸡肉清汤中时(低于次阈值浓度), 增加了浓稠、温和、持久和复杂的感觉强度。此外, 在干鲣鱼中发现的(4Z, 7Z)-十三烷-4, 7-二烯醛, 当添加 5ppb 到干鲣鱼风味的模拟鱼汤溶液时, 能够显著增加汤的浓厚感。此外, 添加低于阈值浓度水平的香附烯酮可增加四种模型果汁中的复合感觉强度。第 5 章研究了影响啤酒香气浓厚度的香气成分。结果表明, 76 种香气物质(其中 27 种浓度低于阈值浓度), 是重现啤酒香气浓厚度所必需的。这些结果表明, 在低于食物识别阈值的浓度下, 一些香气化合物起到了增强 Koku 的作用。

在第 4 章中, 我们论证了油在食物中对 Koku 的贡献。在香肠中, 脂肪的添加增加了香气成分的保留和持续释放, 从而增强了香肠香气的持久性。此外, Nishimura 等(2016a, b)报道洋葱中的植物甾醇通过保留芳香化合物(如二硫醚)来促进香气的持久性。这些研究表明食品中的香气成分增加了 Koku 味的复杂性。

10.4　质地相关的赋予食物 Koku 味的物质

虽然书中没有对与质地有关的 Koku 增强物质的研究，但是有报道称几种质地修饰物质可以增强食物中 Koku 相关的感官特性。如第 7 章所述，Tomashunas 等(2013)报告称，在低脂 Lyon 型香肠中添加菊糖和柑橘纤维(各种质地改良剂)可提高肉香味的回味强度。此外，Liou 和 Grun(2007)报道说，添加脂肪模拟物，如微颗粒乳清蛋白浓缩物(一种质地改良剂)和聚葡萄糖粉末，可增加口感厚度。这些先前的研究表明，质地相关的物质也有助于食物的 Koku 味。

此外，一些研究表明，味觉化合物也刺激三叉神经的感觉。Oka 等(2013)认为，位于三叉神经的 TRP 通道参与了高浓度下咸味的感知。Beauchamp(2009)指出，味精作为一种代表性的鲜味化合物，有一种明显的触觉或感觉成分而通常被描述为"饱满"以及经典的口味。另外，在第 7 章中，我们发现，Kokumi 物质之一的 γ-Glu-Val-Gly 的加入显著增加了"口腔覆盖感"的强度，并有增强黏滞感的趋势。这些观察表明味觉相关的化合物可以影响触觉；然而，这些作用的机制仍不清楚。

10.5　赋予食物 Koku 味的物质感知机制

在本书中，介绍了对一些赋予食物 Koku 味的因素的研究。对于味觉相关的 Koku 传递因子，味精等鲜味物质通过 T1R1/T1R3 异二聚体分子和 mGluRs 感知。第 8 章所述的研究表明钙敏感受体(CaSR)参与了对 Kokumi 物质的感知。此外，第 9 章的研究表明，在三叉神经节和小鼠三叉神经节上 CaSR 的表达对 Kokumi 物质有反应，这表明 CaSR 与 Kokumi 物质增强口腔覆盖感和黏稠感等质地相关属性的增强有关(第 8 章)。对于气味相关的赋予食物 Koku 味的物质，香气化合物是由位于嗅觉上皮的嗅觉受体(ORs)感知的。尽管已经确定了赋予食物 Koku 味的物质的受体，但关于赋予食物 Koku 味的机制，即受体在 Koku 味感觉中的作用，仍不清楚。

10.6　Koku 研究的未来展望

对 Koku 味的研究才刚刚起步，只有部分化合物参与了 Koku 感觉的形成或增强。在食物中，形成 Koku 味的感觉复杂性、满口感和绵延感有关的成分是不同的。因此，有必要对具有 Koku 味的食物中的化合物进行研究。此外，生理学研究也是必要的。如上所述，尽管已经鉴定了赋予食物 Koku 味的物质如 MSG、Kokumi 物质和芳香化合物，但这些化合物形成 Koku 的机制仍不清楚。需要在食品科学（感官科学、食品化学和食品加工）、生理学、神经生物学、分子生物学和脑科学领域进行进一步的科学研究，这些研究的结合将有助于进一步增进对 Koku 的了解。

参 考 文 献

Beauchamp G K (2009) Sensory and receptor responses to umami: an overview of pioneering work. Am J Clin Nutr 90 (Suppl): 723S-727S

Liou B K, Grun I U (2007) Effect of fat level on the perception of five flavor chemicals in ice cream with or without fat mimetics by using a descriptive test. J Food Sci 72: S595-S604

Nishimura T, Goto S, Miura K, Takakura Y, Egusa A S, Wakabayashi H (2016a) Umami compounds enhance the intensity of retronasal sensation of aromas from model chicken soups. Food Chem 196: 577-583

Nishimura T, Egusa A S, Nagao A, Odahara T, Sugise T, Mizoguchi N, Nosho Y (2016b) Phytosterols in onion contribute to a sensation of lingering of aroma, a Koku attribute. Food Chem 192: 724-728

Oka Y, Butnaru M, von Buchholtz L, Ryba N J P, Zuker C S (2013) High salt recruits aversive taste pathways. Nature 494: 472-475

Tomaschunas M, Zorb R, Fischer J, Kohn E, Hinrichs J, Busch-Stockfisch M (2013) Changes in sensory properties and consumer acceptance of reduced fat pork Lyon-style and liver sausages containing inulin and citrus fiber as fat replacers. Meat Sci 95: 629-640

Yamaguchi S, Kimizuka A (1979) Psychometric studies on the taste of monosodium glutamate. In: Filer L J Jr, Garattini S, Kare M R, Reynolds W A, Wurtman R J (eds) Glutamic acid: advances in biochemistry and physiology. Raven Press, New York, pp 35-54